KB120617

알리 알리
알라성

알리 알리 알라성

알수록 행복해지는 유쾌한 性 이야기

오세비·김경헌 지음 | 임유영 만화

비전CNF

서문

우리에겐 올바른 성교육이 필요하다

청소년 현장의 전문가로서 청소년들의 건강한 성장을 돕기 위해서 '청소년의 성'을 주제로 용기 내 집필하게 되었습니다. 자신을 소중히 여기며 다른 사람을 존중하는 올바른 성교육이 꼭 필요하다고 느끼기 때문입니다. 코로나19로 많은 것이 바뀐 요즘, 청소년들이 다양한 성범죄의 가해자와 피해자로 등장하는 모습은 이제 매우 흔한 뉴스가 되었습니다.

2018년 기준 여성가족부의 통계에 따르면 성 경험이 있는 청소년의 첫 경험 나이는 평균 13.6세로 조사됐습니다. 'n번방 사건' 같은 디지털 성범죄와 '채팅 앱'을 통한 성폭력에 노출될 위험도 날로 커지고 있습니다. 코로나19로 인해 집에서 보내는 시간이 길어지면서 인터넷 접속 시간이 증가함에 따라 음란물과 온라인을 통한 정보 습득의 기회는 더욱 늘어났습니다. 호기심 많은 10대는 무분별하게 쏟아지는 성 정보의 옥석을 가리기 어렵습니다.

청소년들이 왜곡된 성을 쉽고 빠르게 접하는 현재 상황에서 우리는 힘을 모아 이 시대에 맞는 올바른 성교육으로 적극 대처해야 합니다. 청소년기 성교육이 제대로 이루어지지 않으면 무분별한 성매매와 여성을 상품화하는 등 잘못된 성 의식이 형성되어 성인이 된 이후 연애와 결혼뿐만 아니라 자신과 타인의 삶에 평생 지대한 영향을 끼칩니다. 무엇보다도 사람의 생명과 직접적으로 관련된 일이기에 너무나 중요한 일이지요. 따라서 가정, 학교, 국가는 성교육에 최선을 다해야 합니다.

그럼에도 불구하고 지난해 '바나나에 콘돔 끼우기'를 고등학교 수업 시간에 시연하려다가 학부모들의 항의가 빗발쳐 관련 실습이 취소됐다는 기사는 우리나라 성교육의 암울한 현실을 그대로 보여줍니다. 모든 교육이 그렇듯 성교육 역시 가정에서부터 시작되어야 합니다. 올바른 성교육을 경험하지 못한 부모님들의 용기가 필요합니다. 자녀의 성교육을 위해 먼저 성교육을 공부하고 실천하는 모습을 보여주세요.

지금까지 제대로 된 성교육을 받아본 적이 없다 보니 대부분의 부모들이 성에 있어 첫 발을 떼기가 쉽지 않지만, 이 책을 통해 자녀와 함께 성장하고 성에 관해 진솔하게 대화할 수 있기를 간절하게 바랍니다. 부모님들에게 실제 현실을 그대로 전해드리고자 '청소년 편'과 '부모 편'으로 나누어 집필했습니다. '청소년 편'은 사춘기 자녀를 이해하기 쉽게 대화하듯이 쉽게 설명했습니다. 자녀가 성에 대해 궁금해할 때가 성교육의 가장 적절한 기회이니 놓치지 말고 적극적으로 답해주세요. 부모와 자녀가 대화를 나눌 때 활용하면 이 시대에 맞는 올바른 성 의식을 형성하는 데 분명 도움이 될 것입니다.

따라서 이 책은 제대로 된 성교육과 관련, 청소년뿐만 아니라 청소년지도자, 청소년과 함께 살아가는 모든 분들에게 도움이 될 것이라 확신합니다. 이 책은 사춘기 청소년이 꼭 알아야 하는 성교육 지침서이지만 오히려 성인에게 더욱 추천하고 싶은 책입니다. 모두가 우리의 현실을 직시하고 이 시대에 맞는 성교육이 실현되기를 기대합니다. 성이 수치스럽거나 부끄러운 것이 아닌 일상적인 대화로 이어지는 유쾌한 토론의 주제가 되는 데 이 책이 조금이나마 도움이 되길 바랍니다. 우리나라 가정과 학교에서 성교육 패러다임이 행복하고 긍정적으로 변화하길 희망합니다.

마지막으로 이 책이 나오기까지 전폭적으로 지지하고 지원해주신 비전C&F 박종태 대표님과 김경헌 강사님, 기획자, 웹툰 작가, 마케터와 디자이너를 비롯하여 여섯 분의 '세바성' 강사님들(세상을 바꾸는 성교육-유정옥 · 권용숙 · 김은희 · 김희정 · 최기숙 · 홍희정)과 정성껏 추천서를 써주신 분들께도 고마움을 전합니다. 든든한 부모님과 항상 지지해주는 가족들, 사랑하는 세 아이들(나 · 소 · 은)과 대한민국 모든 부모와 청소년들에게 이 책을 바칩니다. 감사합니다.

오세비(Loy : Love of youth)

서문

성교육은 평등한 세상을 만드는 교육

성교육 강사로 활동하면서 청소년들을 만나 연애와 결혼에 대한 주제로 다양한 이야기를 나누고 있습니다. 구체적으로 '성'을 표현하고 설명하는 공식적인 수업을 전혀 경험해보지 못한 청소년들에게 리얼한(?) 성 관련 수업은 충분히 관심을 끌 수밖에 없는 주제입니다. 특히 군 장병들과 함께하는 '성'에 관한 토론은 항상 시간이 부족할 정도로 많은 이야기가 오가고 있습니다. 이런 토론 과정을 통해 '성'에 대한 청소년들의 생각과 다양한 그들의 성 경험을 들을 수 있었습니다. 무엇보다 안타까운 현실은 생각보다 많은 청소년들이 죄의식 없이 '성매매'를 통해 첫 성 경험을 하고 있다는 것입니다. 그리고 이들의 성매매 경험은 일시적 행위로 끝나지 않고 성인이 되어서도 꾸준히 이어지고 있었습니다.

돈으로 무엇이든 살 수 있는 사회는 과연 행복한 세상일까요, 아니면 불행한 세상일까요? 돈을 주고 사람의 마음을 살 수 있을까요? 사람의 마음은 돈을 주고 살 수 없습니다. 사람의 성도 그런 마음으로 바라보는 것이 중요합니다. 성매매는 당연히 불법 행위입니다. 이런 불법 행위로 인해 우리는 무엇을 잃고 무엇을 얻는다고 생각하시나요?

2021년 한국개발원(KDI) 경제정보센터가 발표한 바에 따르면 한국의 2018~2020년 평균 국가 행복지수는 10점 만점에 5.85점을 기록했습니다. 전체 조사 대상 149개 국 중 62위, OECD 37개 국 중 35위에 해당합니다. 세계 10위 경제 대국인 한국인들의 삶은 OECD 최하위권이라고 할 수 있습니다. OECD 국가 중 국가 행복지수가 높은 나라는 핀란드(7.84점), 덴마크(7.62점), 스위스(7.57점), 아이슬란드(7.55점) 순으로 조사됐습니다. 독일과 영국도 7점이 넘어서 유럽은 전반적으로 상위권의 좋은 점수를 보여주었습니다. 우연의 일치일까요? 상위권에 속한 나라들은 오래전부터 포괄적 성교육을 실시하고 있는 나라들입니다. 포괄적 성교육은 행복한 인생을 위해 꼭 필요한 교육이라고 다시 한 번 강조하고 싶습니다.

대한민국 청소년들의 성 문화를 살펴보고, 그들의 호기심과 질문에 대해 함께 고민해보면 좋겠습니다. 모르는 것은 문제가 아닙니다. 잘못 알고 있는 것이 더 큰 문제입니다. 특히 '성'은 더욱 그렇습니다. 이 책을 읽고 나서 '성'에 대해 가족끼리 솔직하게 자신의 생각을 말하는 용기를 내보면 어떨까요? 성교육은 평등한 세상을 만드는 교육입니다. 모든 사람이 차별받지 않고 자신을 소중하게 여기며 다른 사람을 존중할 줄 아는 건강한 세상을 함께 만들어주세요. 감사합니다.

김경헌

차례

5장 꼭 기억해!

알리알리 알라성 부모 편

알리알리 알라성

청소년 편-오세비

1장. 몸의 변화

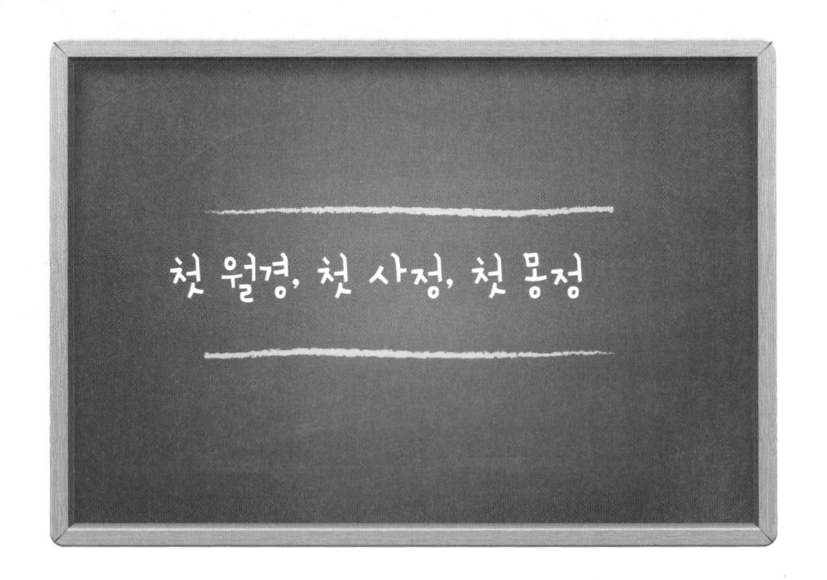

알라의 첫 월경 파티 추억과 알리의 첫 몽정 이야기.

아앗?!
엄마
나 어떡해?!
우리 알라~
건강하게 잘 자라줘서
고마워!!
축하해!!!
그냥 싫고 무서웠어.
근데 지나고 보니
익숙해지더라고.
솔직히
이게 부끄러운 것도
아니잖아.
맞아.
자연스러운
일인데 말이야.

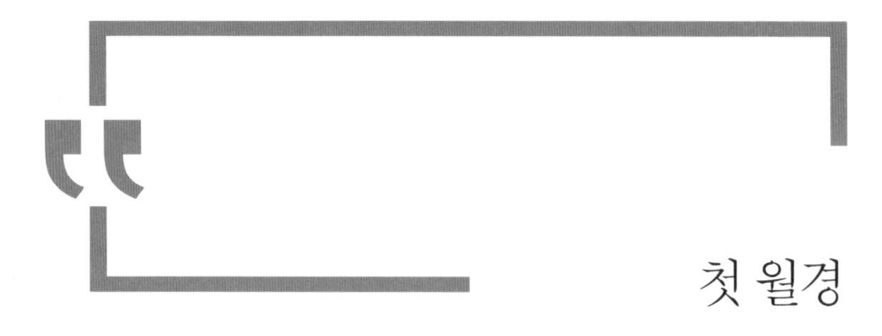

첫 월경

요즘은 초등학교 4~5학년 정도만 되어도 키가 훌쩍 크고 유방이 발달해서 브래지어를 착용하거나 초경을 하는 학생들도 무척 많아. 월경을 시작했다면 진심으로 축하해^^. 아주 건강하게 몸이 정상적으로 잘 성장하고 있다는 증거이니까.

월경은 보통 10~13세쯤 초경을 해서 45~50세까지 한단다(요즘은 마지막 월경 이후를 폐경이 아닌 '완경'이라고 해). 월경 기간은 5일~7일 정도인데, 첫날과 둘째 날 양이 가장 많은 편이야. 월경 기간과 양(20~100밀리미터)은 사람에 따라 상당히 차이가 심해.

평균 월경주기는 28일(대개 25~30일 간격)이야. 배란일에 난자가 포궁(자궁)에 이르면 우리 몸은 정자를 받아들일 준비를 해. 그런데 수정이 일어나지 않으면 난자는 죽어버려. 이때 임신을 위해 만들어지던 호르몬 생산이 중지되고 포궁 속 막이 허물어지면서 혈액과 함께 흘러나오는데 이게 바로 월경(생리)이야.

월경이 시작한 날로부터 14일째 되는 날이 아기가 생길 수 있는 '배란일'이야. 월경주기가 불규칙하면 배란일도 불규칙해. 그리고 배란통을 경험하는 친구들도 있어. 정자가 여자 몸에 들어오면 며칠 동안은 살아 있기 때문에 배란일 전후로 일주일에서 열흘 정도는 특히 임신이 잘 된다는 사실을 명심해야 해. 월경을 시작하면 처음에는 주기가 불규칙할 수도 있기 때문에 월경이 시작하는 날을 표시해두면 좋아.

월경하는 동안에는 몸을 항상 청결히 하고, 월경대는 생리 양에 맞게 크기(소형, 중형, 대형, 오버나이트)를 골라서 사용해야 돼. 사용한 후엔 돌돌 말아서 월경대가 싸여 있던 포장지를 이용해서 잘 싸서 버리는 거 잊지 마. 그리고 혹시 옷에 생리혈이 묻어 있지는 않은지 항상 살펴보고 피가 잘 새지 않는 위생팬티(생리용 팬티)를 입는 게 좋아. 잘 때 이불에 흘릴 수도 있으니 이불 방수 커버를 이용하거나 위생팬티를 입으면 마음이 편할 거야. 한 달에 한 번씩 찾아오는 월경이 귀찮을 수도 있지만 건강하다는 증거고, 익숙해지면 괜찮으니 너무 짜증 내거나 걱정은 하지 말고 스트레스를 받지 않으면 좋겠어.

사우나에 가거나 수영장에 갈 때는 월경대를 사용할 수 없어. 대신 탐폰을 사용하기도 해. 생리 양이 많으면 새는 경우도 있으니 주의하고. 그리고 요즘에 생리컵을 쓰기도 해. 그런데 처음 사용하면 질 안으로 넣을 때 아프기도 하고 많이 힘들 수도 있어. 익숙해지면 괜찮은데 말이야.

월경이 시작되기 전 엉덩이의 골반 부위가 불편하고 유방이 단단해져서 통증이 느껴지거나 감정적으로 예민해지고 몸이 붓기도 해. 월경 중에는 포궁이 아프거나 불쾌감이 느껴지기도 하는데 이것을 생리통이라고 해.

혹시 생리통이 너무 심해서 학교를 결석할 정도라면 자궁내막증, 자궁선근증 등 '혹'에 의한 이차적 생리통이 아닌지 꼭 한 번 확인해야 해. 확인하는 방법은 어렵지 않아. 산부인과에 가면 배 초음파를 통해 장과 난소의 모양을 보면서 확인할 수 있어.

Tip

생리통을 완화시키는 방법

2명 중 1명이 경험할 정도로 흔한 증상이야. 14~15세 여학생에게 가장 흔하게 나타나고, 혈액순환이 잘 안 돼서 생기기도 해.

1. 월경에 대한 긍정적인 마음 갖기
2. 따뜻한 물 많이 마시기
3. 족욕하기, 배 따뜻하게 하기
4. 팬티 등 속옷과 옷을 너무 꽉 끼지 않게 입기
5. 카페인 줄이고 칼슘이나 마그네슘 섭취하기
6. 스트레스 줄이기
7. 하루 30분 이상 가벼운 운동하기
8. 견디기 어려우면 병원에 가기

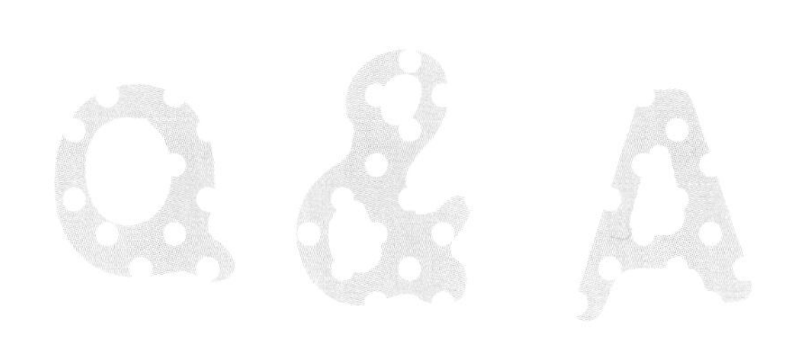

Q. 월경을 시작하면 키가 안 크니까 키 크는 주사를 맞아야 할까요?

월경을 시작하면 더 이상 키가 자라지 않는다는 말을 하는데, 이럴 경우는 무조건 주사를 맞는 게 아니라 반드시 산부인과 전문의와 상의해서 자연스럽게 나오는 난소호르몬을 억제시키는 게 의학적으로 의미가 있는지 꼭 확인해야 해.

Q. 친구들은 다 하는데 저만 월경을 안 해요.

2차 성징이 전혀 나타나지 않는다면, 즉 겨드랑이 털도 안 나고 음모(성기 주변의 털)도 없고, 유방(젖가슴) 발육도 없고, 사춘기도 별로 겪지 않는 것 같고, 월경도 당연히 없고…… 중학교에 입학할 때까지 계속 이런 상태라면 반드시 산부인과에 가봐야 해. 보호자와 함께 가보렴. 그래서 왜 난소호르몬이 분비되지 않는지 반드시 확인받아야 해.

만약에 2차 성징이 나타났는데, 즉 유방도 발달돼 있고, 겨드랑이 털도 났고, 나름대로 사춘기도 겪었는데 월경만 없다. 그러면 무조건 산부인과 병원에 가보기보다는 중학교 3학년 겨울방학에서 고등학교에 입학하기 전쯤 병원에서 확인받아보는 것도 좋아. 월경을 늦게 시작하는 경우도 종종 있거든. 혹시 무월경일 수도 있으니 꼭 확인받아야 해. 월경 불순인지, 질환이 있어서 무월경인지, 심하게 체중이 증가해서 혹은 감소해서 무월경인지 원인을 확인해야 해.

번쩍
으앗?!
휙
… 이 팬티를
어떻게 하지?
축
축
북지! 북!
알리야
갑자기 웬 빨래를 하니?
깜
짝!
앗?!
엄마…그게 아니고….
오늘 처음 몽정한 거야?
아이고~
우리 아들~
아빠될 준비를 하게 되었네.
멋진 남자가 됐어!
자연스러운 일이고 축하할 일이지.
아빠 오시면 첫 사정 파티 해줘야겠다!!!
으으윽ㅜㅜ
파티는 무슨 파티까지ㅠㅠ
괜찮은데….

첫 사정과 첫 몽정

사정이란 생식에 관련있는 세포가 여러 가지 영양소와 섞여 정액으로 배출되는 현상을 말하고, 몽정이란 자는 동안 꿈을 꾸며 사정하는 것을 말해. 잠을 자는 것 같은 무의식 상태일 때 음경에서 정액을 분출하는 현상이야. 처음 몽정을 하면 오줌을 싼 줄 알고 깜짝 놀라 당황할 수 있는데, 사춘기 때 남자 아이들이 경험하는 자연스러운 현상이니 걱정하지 마. 몽정은 여자들이 월경을 하는 것처럼 아주 정상적인 거야. 당황할 필요 없는, 아무렇지 않은 일이야.

흔히 야한 생각을 하면 몽정을 한다고 생각하지만 모든 남자가 그러는 건 아니야. 몽정이 야한 꿈의 결과물이라고 말하기도 하는데, 모두 그런 건 아닌 거지. 정자는 계속 만들어지는데 배출되지 않으니 자면서 배출되는 것일 뿐이야. 주로 몽정이 한번 터지고 나면 자위나 몽정으로 계속 사정하게 되기도 해. 한두 달에 1～2회 할 수도 있고 안 할 수도 있고, 사람마다 달라.

몽정이나 자위로 정액이 밖으로 배출되지 않으면 고환 자체나 전립샘 등에서 정액이 체내로 흡수되기도 해. 몽정을 하면 컨디션이 좋지 않을 수도 있어. 새벽에 하는 경우가 많다 보니 잠을 설치게 되어서 그런 거지. 물론 아무렇지 않을 수도 있단다. 참, 정액이 묻은 속옷은 물로 빨아 꼭 짠 후 세탁기에 넣는 센스가 필요해.

첫 몽정을 했다면 축하해. 이제부터 멋진 아빠가 될 수 있고, 건강하게 잘 성장하고 있다는 신호이니까.

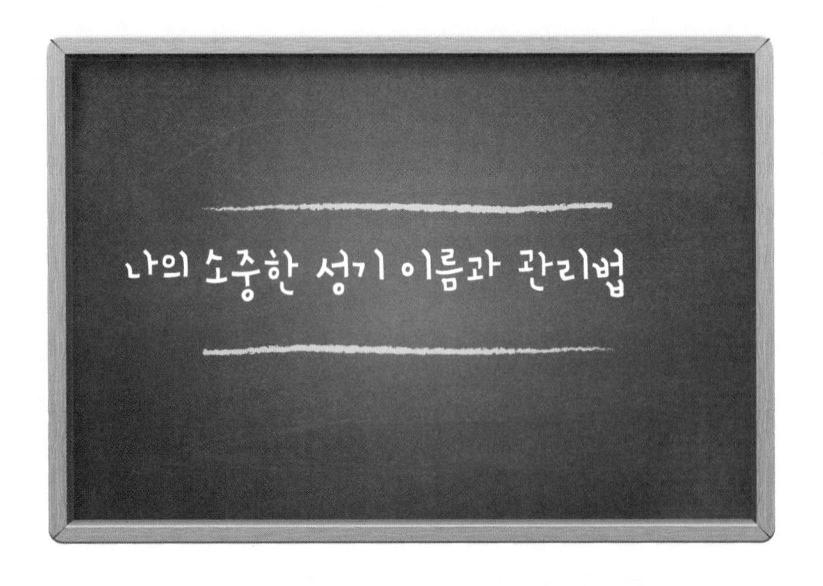

성에 대해 관심이 많아지면서 자신의 성기에 대해서 알아본다.

엄마
난 왜 고추가 없어?
남자는 고추가 밖에 있고
여자는 안에 있어.
남자는 음경, 여자는 음순이라고 해!
거울을 놓고 음순을 한번 보렴.
아주 신기할 거야.

으으으 징그러워~
색깔이랑 모양이
왜 이렇게 생겼지?

엄마가
보라고 해서 봤는데
너무 이상해ㅜㅜ
그래? ㅎㅎ
알라야. 사람마다 얼굴이 다르듯이
그곳의 생김새도 모두 달라.
그래도 우리 알라의 소중한 음순이니
사랑해주고 아껴줘야지.

여자 성기 이름과 관리

음순*은 여자의 성기를 말해. 사람 및 고등 포유류 암컷의 질 양쪽을 에워싸고 있는 한 쌍의 입술처럼 생긴 피부 주름을 가리키지. 바깥쪽에는 대음순, 안쪽에는 소음순이 있어. 가운데 볼록 튀어나온 것이 있는데, 그곳을 클리토리스(음핵)라고 해. 음핵은 신경이 모여 있어서 성적 느낌을 잘 느낄 수 있는 곳이란다. 오로지 성적 흥분과 성적 쾌락만을 위해 만들어진 신체 기관이라고 생각하면 돼. 음핵은 흥분하면 피가 몰려서 커지기도 해. 남성의 음경과 비슷하지. 그래서 음핵의 앞부분을 음핵귀두라고도 한단다. 그리고 소변을 보는 요도구, 질이 소음순 안쪽에 위치하고 있어. 질은 체내로 연결되는 통로야. 질의 입구를 질구라고 하지. 이 질에서 월경(생리)혈 또는 다양한 분비물이 나와. 성관계를 하는 기관이고, 출산 시 자연분만할 때는 아기가 나오는 길, 즉 '산도'가 되기도 하는 아주 중요한 기관이야.

여자의 질 안쪽에는 질근육(질주름, 기존에는 '처녀막'이라는 용어를 썼어)이 있어. 성관계를 한 번도 하지 않은 경우, 처음 성관계를 가질 때 질근

* QR 코드를 확인하면서 그림 설명과 함께 읽어주세요.
* 조개, 보지 등은 비속어야. 최근에는 음순과 음경, 그리고 자궁은 '포궁'으로 바꿔 표현하고 있단다.

육이 찢어진다고들 말하는데, 꼭 그런 건 아니야. 질근육은 어릴 적 자전거를 타거나 운동을 하다가 혹은 여러 가지 다양한 활동 중에 자연스레 손상될 수도 있어. 즉, 질근육의 유무로 성 경험 유무를 확인할 순 없어.

처음 성기를 직접 보면 생각보다 이상한 색깔로 느껴질 수도 있어. 주름이 많이 겹쳐 있어서 기본적인 피부색보다 진하고 어두워 보이기도 하고, 혈액이 비쳐 분홍색을 띠기도 해. 그래서 징그럽다는 생각이 들 수도 있어. 털이 있어서 놀랄 수도 있지. 사람마다 성기 모양은 모두 달라. 크건 작건, 색이 진하건 연하건 모두 정상이야. 나의 성기가 내게는 가장 자연스럽고 가장 정상적인 거지. 쭈그리고 앉아서 바닥에 거울을 놓거나 책상에 다리 한쪽을 올리고 손거울을 비춰서 자신의 음순을 한번 보렴. 나의 음순이 참 신비롭고 신기하다는 생각이 들 거야.

여성의 음순은 몸 안쪽에 있기 때문에 청결을 유지하고 소중히 다루어야 해. 분비물이 조금 나오기도 하는데 자연스러운 현상이니 걱정 안 해도 돼. 너무 자주 비누나 청결제로 씻다 보면 건조해지고 염증이나 가려움증이 생길 수 있어. 부득이하게 비누나 청결제를 사용했다면 흐르는 물로 충분히 헹궈줘야 한다는 것을 기억해야 해. 하루에 1~2회 정도 씻거나, 샤워할 때 씻는 등 특별한 경우가 아니면 청결제를 사용하기보다는 미지근한 물로 깨끗하게 씻는 것이 좋아. 월경할 때는 좀 더 자주 씻을 수도 있지.

요도구와 질, 항문은 서로 가까운 위치에 있기 때문에 대변을 볼 때 질에 닿지 않도록 휴지를 앞에서 뒤로 향하게 닦는 것도 중요해.

Q&A

Q. 성기와 겨드랑이 털을 밀어도 되나요?

털이 불편하고 징그럽고 이상하다는 생각이 드니? 그런데 곧 익숙해질 거야. 털을 미는 건 스스로 선택할 수 있는 사항이지. 그런데 청소년 시기에 음모는 밀지 않으면 좋겠어. 음모(陰毛)는 성기부터 항문 주위에 나는 털로 주로 사춘기 때 2차 성징의 영향으로 자라기 시작해서 성인이 되면 완성돼. 머리카락과 같은 색깔이며, 성기를 외부 충격으로부터 보호하는 역할을 하기 때문에 매우 중요하지. 나이가 어릴 때는 가는 솜털(연모)이 자라지만, 사춘기에 이르면 성호르몬인 안드로겐이 나오기 때문에 더 굵고 길고 거칠어져.

털은 겨드랑이, 항문 부위, 입술 위쪽, 구레나룻, 젖꼭지, 가슴 중간, 뺨 아래와 목, 가슴의 다른 부위나 수염, 팔다리와 어깨, 등, 엉덩이에도 나. 매우 곱슬곱슬한 털에서 완전한 직모에 이르기까지 그 질이 다양하고, 모양도 인종과 민족에 따라 달라. 음모는 성교 시 피부 마찰을 줄여주고, 음모가 나는 민감한 부위를 보호하는 역할을 한단다.

남자 성기 이름과 관리

남성의 외부 생식기관을 구성하는 신체 기관인 음경*은 밖으로 길게 튀어나온 곤봉 모양을 하고 있어. 음경은 소변을 배설하고, 성관계를 가능하게 하며, 정액과 소변이 배출되는 통로야. 뒤에 주머니처럼 달려 있는 것은 음낭이라고 하는데, 음낭 안에는 정자를 만들고 보관하는 작은 알 모양의 굉장히 중요한 부분이 있어. 이 부분을 고환이라고 해.

음경은 발기되면 평균 8~15cm 정도로 커져. 사람마다 크기가 다르고, 신체가 성장함에 따라 음경도 점점 커져. 고환은 정자와 남성호르몬 테스토스테론이 만들어지는 곳이야. 고환은 체온보다 낮은 35도가 이상적인 온도야. 특히 고환은 두 개로 구성되어 있는데 대칭이 아닌 비대칭으로 되어 있지. 서로 부딪히지 않게 하려고 이렇게 진화한 것이란다. 참 신비롭지 않니?

음경과 고환은 청결을 유지하는 게 좋아. 나의 성기가 완전하게 다 자랄 때까지 아끼고 사랑해주렴. 너무 강한 자극은 변형과 염증을 일으킬 수 있으니 부드럽게 다루어주면 좋겠어.

* 고추, 자지 등은 비속어에 속해. 남자의 성기는 음경으로 표현한단다.

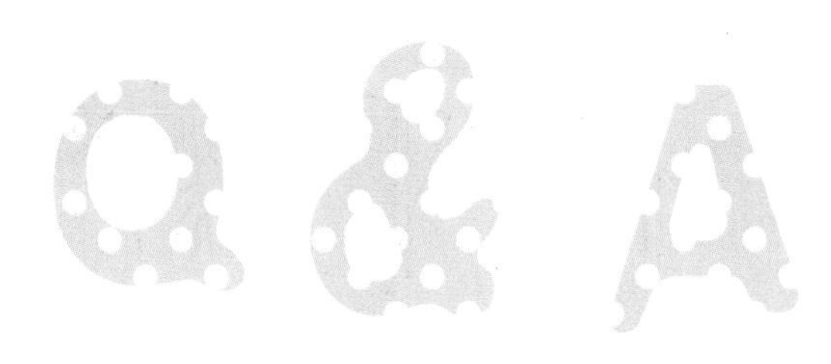

Q. 음경의 크기와 길이가 중요해요?

음경의 크기와 길이는 별로 중요하지 않아. 음란물을 보면 어마어마하게 굵고 긴 음경이 나오기도 하지. 이런 것은 현실과 맞지 않는 판타지(환상)를 이용해 돈을 벌기 위한 수단으로 악용되는 허구의 이야기란다. 일반적으로 그런 음경을 가진 사람은 거의 없어.

그리고 성관계를 할 때 크기와 굵기는 별로 중요하지 않아. 여성의 질 내부 성감대는 4cm 정도고, 그 너머는 무성감대야. 크기와 길이로 우열을 가려 생각하는 것이 왜 근거 없는 말인지 알겠지? 진정한 사랑을 나누기 위해서는 얼마나 서로를 배려하느냐가 더 중요하다는 점을 마음 깊이 새겨뒀으면 해.

문 잠그고 뭐하니~~~?
달칵
달칵!
앗,아무것도 안해!!

문 잠그고 뭐해~~~?
드르륵...
깜짝
아,진짜!!!
제발 좀 !!!

쏴아
쾅
아들~!!
쾅!쾅!

도대체 엄마 왜 이래?
정말 센스가 없으셔.
사생활 존중 좀 해주시지….

올바른 내 몸 사랑, 자위법

남자의 자위 행위는 음경을 손으로 마찰시키는 경우가 많고, 여자는 대음순이나 소음순, 음핵 등을 자극하는 경우가 많아. 자위는 자연스러운 현상이기 때문에 그런 행동을 한다고 해서 죄책감이나 수치심을 느낄 필요는 없어.

남자의 경우, 과도하게 마찰해서 성기에 무리를 주면 성기 조직이 손상되기도 하고, 상처가 나서 염증이 생기면 통증으로 고통스러울 뿐만 아니라 제대로 성장하지 못하고 모양이 변할 수도 있으니 주의해야 해. 여자의 경우, 역시 성기 상처나 질염을 야기시키고 성기의 모양이 변하기도 해. 월경 기간 중 자위하는 것은 다양한 감염의 원인이 되어서 몸에 좋지 않으니 주의해야 돼.

남자의 자위는 정자가 몸에서 생성되어 배출되는 시기를 감안해 일주일에 1～2회가 적당하다고 주장하는 사람도 있고, 일상생활에 지장 없을 정도면 횟수는 개인 취향으로 보기도 해. 자위를 하지 않아도 전혀 문제되지 않아. 남자의 경우, 자연스레 순환으로 흡수되어 소멸하거나 몽정을 하기도 하거든.

다만, 자위를 너무 많이 하다 보면 집중력이 떨어지고, 힘이 없어지고, 신체적으로도 성기가 잘 자라는데 방해가 될 수 있어. 성기가 기형적인 모양으로 변형될 수도 있는데, 그러면 평생 치유가 어려울 수도 있으니 주의해야겠지? 올바르지 않은 방법, 특히 음란물을 보면서 자위하다 보면 성인이 되어서 실제로 성관계를 하기가 어려워지는 문제(조루, 발기부전, 무반응, 무성욕 등)가 생길 수도 있어. 이 경우 치유하기 어려울 뿐만 아니라, 정말 사랑하는 사람이 생겼을 때 힘들 수도 있으니 조심해야겠지? 현재 나는 나의 몸을 아끼고 잘 관리하는 사람인지 아닌지 한번 생각해보면 어떨까?

Tip

청소년의 올바른 내 몸 사랑 자위법

1. 편안하고 청결한 장소에서 한다.
2. 손을 깨끗이 하고, 깨끗한 수건을 준비한다.
3. 손으로만 하되, 젤 등을 이용해 상처 나지 않게 부드럽게 한다.
4. 사랑을 상상하며 가능한 한 충분한 시간을 갖고 나의 몸을 여기저기 탐색해본다.
5. 음란물은 보지 않는다. 왜냐하면 자신의 몸을 탐색하고 자신을 조절하는 것이 어려워지기 때문이다.
6. 성욕을 해소하는 자연스럽고 정상적인 행위이니 죄책감을 느낄 필요는 없다.
7. 사생활이 보호되어야 하니 자신만의 공간에서 문을 꼭 잠그고 한다.
8. 성기 조직이 손상되면 위험하니 도구나 물건은 이용하지 않는다.
9. 뒤처리는 스스로 깔끔하게 한다.

알리와 알라는 몸의 변화를 경험하며

좌충우돌 사춘기 스토리가 펼쳐진다.

ㅋㅋ
쭈──욱!

얼굴이 등으로 돌아갔다ㅋㅋㅋ.
난 왜 이리 가슴이 작은 거야?

육덕지네~~~.
왜 이리 난 가슴이 큰 거야? 불편해. 체육 시간에 뛰기도 부끄럽고….

유방이 작고 아프고 속옷이 답답해요

유방의 크기는 사람마다 달라.* 나중에 아기를 낳으면 사랑스럽고 귀여운 아기가 건강하게 자라게 하기 위해 먹일 젖이 나오는 곳이야. 유방을 성적인 의미로 받아들이기보다 신체의 일부로 자연스럽게 받아들여야 해. 유방의 크기에 따라 좋고 나쁘기를 따지기보다 소중한 여러분의 몸을 있는 그대로 아끼고 사랑해주면 좋겠어.

유방 중앙에는 유두(젖꼭지)가 돌출되어 있어. 유두 표면에는 주름이 있고, 그 사이의 갈라진 틈에 여러 개의 유두 구멍이 열려 있어. 유두를 통해 유방 전체에 분포된 유선에서 만들어진 젖이 분비돼. 임신하면 태반 호르몬의 영향으로 유방이 급속히 커지고 수유가 시작되면 작아지기 시작해.

또한 월경이 끝나고 며칠 후부터 유방 조직이 커지기 시작하는 등 월경 주기에 따라 주기적으로 조금 변화해. 이때 많은 여성이 가벼운 통증을

* 신체 특징을 가지고 놀리거나 장난을 치는 것은 범죄 행위로 처벌을 받으며 상대방에게 큰 상처를 남기는 행동이니 해서는 안 돼요.

느끼기도 해. 이러한 변화와 통증은 주기적으로 반복되는 경향이 있어. 여성호르몬 에스트로겐의 작용으로 유방은 20대 초반까지 발육한단다.

속옷은 너무 꽉 끼는 것보다 유방의 발달에 따라 몸에 맞는 속옷을 입어야 해. 브래지어를 착용할지 착용하지 않을지는 개인의 선택이야. 외국에서는 브래지어를 착용하지 않는 사람들도 꽤 많아. 집에서는 착용하지 않고 편안하게 있는 것도 괜찮아. 유방을 소중하게 잘 보호해주렴.

그리고 청소년기에는 몸이 다 자란 것도 아니고 체형이 변화하는 성장기이니 현재의 몸 때문에 너무 걱정하지 말고 자신의 몸을 아껴주고 사랑해주면 좋겠어. 멋지게 어른이 될 그날을 상상하며 평생 함께할 건강한 몸을 위해 운동도 하고 영양가 있는 음식도 먹으면서 긍정적인 마음으로 잘 성장하렴.

쭈욱
쟤 얼굴 봤냐?
개 징그러워ㅋㅋㅋ
공보빵인 줄.
ㅋㅋㅋ
하하...
아
여드름 땜에 스트레스 받아.
내 자신감 다 어디 간 거야?
뭐 시기만
다를 뿐 모두 다 생기는 거니까.
손대지 말고 깨끗이 잘 씻고
내 몸이니까 내가 사랑해줘야지!

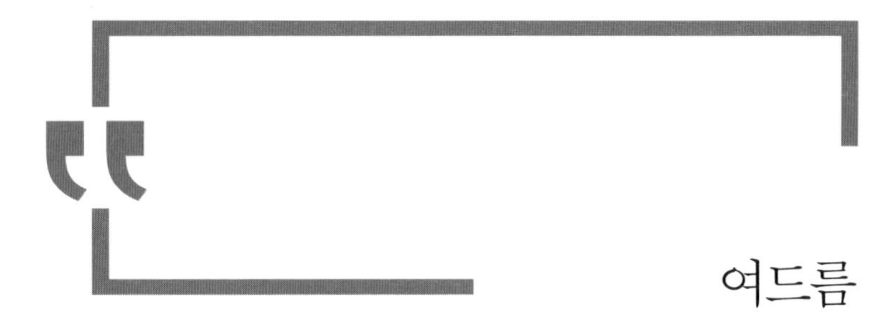

여드름

여드름 때문에 스트레스를 많이 받고 속상하지? 피부만 좋아도 훨씬 예뻐 보일 텐데 말이야. 여드름은 털을 만드는 모낭에 붙어 있는 피지선에 발생하는 만성염증성 질환이야. 보통 사춘기에 발생하지만 성인들에게도 나타날 수 있어. 잘 생기는 곳은 얼굴, 목, 등, 가슴 등 유분이 많은 피부 부위야. 피지가 피부 밖으로 배출되지 못하고 모낭 주위에 갇히면 염증 때문에 박테리아가 번식하는데, 이것이 여드름이 되는 거야.

호르몬의 변화, 성호르몬 증가, 세균 감염, 유전성 요인, 정서적 긴장, 스트레스, 수면 부족 등 다양한 원인으로 지방과 피부 각질이 모공을 막아 여드름이 발생한다고 하는데 정확한 원인은 아직 알려지지 않은 상태야. 대체로 사춘기에 나타나는 여드름은 피지가 과다하게 분비되기 때문에 발생해. 이는 프로게스테론이라는 황체호르몬의 작용 때문이야. 지나치게 유분이 많거나 모공을 밀폐시키는 화장품이 원인이 될 수도 있어.

보통 여드름은 사춘기 때 나기 시작해서 사람마다 다르지만 20대 초중반에는 사라지니 너무 걱정하지 마. 특히 화장을 한다면 꼭 잘 지우고 자야 돼. 사춘기에는 피지샘과 땀샘이 증가하니 생식기와 겨드랑이 부위를 물로 깨끗하게 자주 씻어주렴. 여드름 때문에 스트레스를 받으면 더욱 심해질 수도 있어. 여드름이 나더라도 손으로 만지지 않도록 조심하고 피부를 깨끗하게 관리해야 해. 특히 손은 각종 세균의 온상이라는 거 알지? 감염에 제대로 대처하지 않고 여드름을 손으로 억지로 짜면 흉터가 생겨서 후회할 수도 있어.

여드름이 심하면 크게 바르는 약, 먹는 약, 외과적 치료 같은 방법이 있어. 외과적 치료로는 증상 부위에 대한 주사요법, 여드름 압출 치료, 박피술, 레이저 치료 등이 있으니 참고하렴.

나만 여드름이 생기는 게 아니고 시기는 달라도 언젠가 친구들도 생길 수 있으니 자신의 몸을 이해하고 받아들이는 연습을 하면 좋겠어. 언젠가 만날 나의 꿀피부를 상상하며 잘 이겨내보자.

Kiss
Chu~
?..
알리야 TV 보다 왜 그래? 어디 몸이 안 좋니?
스-윽
아, 아니에요.
하하하하 우리 아들 건강한 남자구나. 그건 자연스러운 현상이야. 뭐 궁금한 거 있으면 언제든지 알려줄 테니 물어봐, 아들.
음경이 딱딱해지면서 꼿꼿하게 서고 커지는 것을 '발기' 라고 해. 음경 속 해면체에 피가 가득 차서 혈관이 확장되면 발기가 일어나. 배 속의 태아도 발기하는 경우가 있다고 하니 매우 자연스러운 현상인 거지.

내 성기가 수시로 커져요

'발기'란 음경이 딱딱해지면서 꼿꼿하게 서고 커지는 것을 말해. 사춘기 때는 성호르몬이 왕성하게 분비되면서 더 자주 성적인 감정을 느끼게 돼. 내 몸뿐만 아니라 나와 다른 성의 몸에 대한 관심이 커지기도 하지. 또 야한 것을 보거나 야한 상상을 할 때 묘한 기분이 들기도 하고. 이런 감정이 커지면 음경이 발기되기도 해.

여성의 경우도 음핵이 부풀어 오르는 발기를 한단다. 즉, 성별에 관계없이 발기는 자연스러운 현상이야. 손이나 어떤 물체에 음경이 닿으면 그 자극이 뇌에 전달되어 발기될 수도 있고, 잠을 자고 일어난 아침이나 버스를 탈 때, 수업을 들을 때, 심지어 소변이 마려울 때도 나의 의지와 상관없이 갑자기 발기되기도 해.

이렇게 갑자기 발기된다면 당황하지 말고 자연스럽게 옷이나 가방, 책 같은 것으로 가리고 누그러질 때까지 기다려봐. 평소보다 두 배 이상 느리게 호흡하거나, 속으로 애국가 같은 차분해지는 노래를 부르거나, 다른 생각을 하면서 잠시 기다리면 돼. 가릴 것이 없을 때는 다리를 꼬고 앉아서 몇 분만 기다리면 금방 진정될 거야. 혹시 함께 있던 친구가 갑자기 발기되어 당황해한다면 쳐다보거나 놀리지 말고 못 본 척 넘어가는 멋진 친구가 되어주면 좋겠어. 발기가 잘 된다는 건 혈액순환이 잘 되고 있다는 거니까 너무 고민하거나 걱정하지 말고.

고래 잡으러 가자, 아들.

어디로요? 바다 가요?

아니~~ 우리 아들 고추 예쁘게 하는 수술이야.

으악! 싫어요~~~ 무서워요~~~!!!
안 할래 ㅠㅠ

맛있는 거 사줄게. 남자는 꼭 해야 하는 수술이야.

그런 게 어딨어요? 그 수술 안 하는 나라도 많다는데 저 안 할래요!! 제 몸이니까 제가 결정할 권리가 있잖아요.

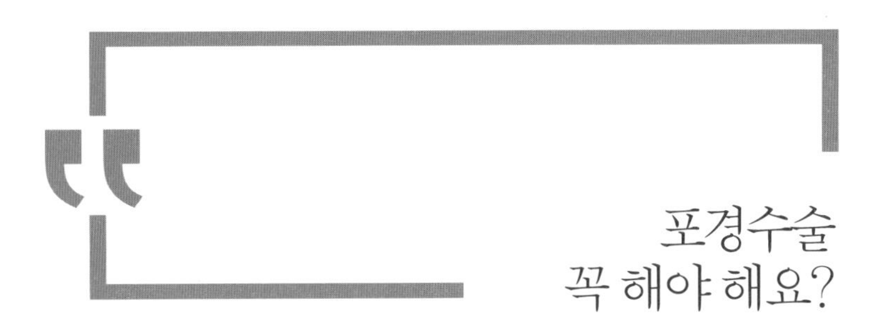

포경수술 꼭 해야 해요?

포경수술은 꼭 해야 하는 건 아니고 개인이 선택할 수 있어. 안 해도 되긴 하지만 성매개감염병을 예방하는 데 도움이 된다고 해. 음경이 발기하면 귀두를 싸고 있는 포피가 벗겨지면서 안에 있던 귀두가 밖으로 나오는데, 음경의 앞부분인 귀두를 싸고 있는 살갗인 포피를 제거하는 수술이 바로 포경수술이야.

이집트의 유물에 의하면 포경수술은 6000년 전 시작되었다고 해. 질병 예방 차원에서 포경수술이 널리 시행되기 시작된 것은 19세기 무렵부터야. 미국에서는 현재 60~90%의 신생아가 포경수술을 받는데, 유럽에서는 훨씬 낮은 비율로 시행되고 있어. 우리나라의 경우도 80% 정도가 포경수술을 받으며, 그 시기는 다른 나라와 달리 주로 사춘기에 이뤄져. 최근에는 포경수술을 하지 않는 비율이 점점 높아지고 있지.

알라는 중2가 되어 짜증이 극에 달하는데…

사춘기가 무슨 무기니?
너만 질풍노도야?
갑자기 왜 이래??
역시
엄마랑은 말이 안 통해.
아휴 짜증 나!
쾅
밖으로 안 나와?!
어디 엄마가 말하는데!
버릇없이!!
왜
엄마 말이
무조건 옳다고 말해?
내 꿈도 학원도 다 엄마
맘대로야?!
뭐라고?
어디 엄마한테 눈을
동그랗게 뜨고 대들어?!
황
당
그럼
엄만 눈을 네모나게
뜰 수 있어?

온몸이 피곤하고 짜증만 나요

사춘기는 '질풍노도의 시기'라고 해. 영어로는 스톰 & 스트레스(storm & stress)라고 하지. 신체적, 정신적으로 큰 변화를 겪는 데다 호르몬의 영향으로 폭풍우처럼 스트레스가 몰려와서 그렇게 부르는 것 같아.

개인차가 있지만 성호르몬의 분비, 호르몬의 변화, 갑작스러운 키 성장, 몽정, 월경, 유방, 털 등 몸에서 엄청난 변화들이 일어나기 때문에 당연히 예민하고 짜증이 날 수 있어. 육체적, 정신적으로 성인이 되어가는 과정에 사춘기를 겪다 보니 괜히 신경질이 나고 부모님의 잔소리가 귀에 거슬리고 화가 나지? 욱해서 짜증 내고 난 뒤 후회하기를 반복하니? 내가 도대체 왜 이러지? 하면서 말이야.

그 이유는 바로 육체적으로 정신적으로 엄청난 변화가 일어나고 있기 때문이야. 몸에 멍이 들거나 다치면 신경이 곤두서고 아프고 짜증 나잖아. 몸과 마음이 어른이 되기 위해 급속도로 폭풍 성장하다 보니 당연히 엄청난 스트레스가 동반되지. 이러한 현상은 중학교 2학년 때쯤 많이 나타나. 그래서 사람들이 '중2병'이란 말까지 만든 거 아닐까? 그다지 유쾌하지는 않지?

이런 현상은 병이 아니라 매우 정상적이고 자연스러운 것인데 어른들은 병으로 취급하는 경향이 있어. 너무나 사랑스럽고 착하고 말도 잘 듣고 대화도 잘하던 자녀가 갑자기 다른 아이가 된 것처럼 말대꾸를 하고 퉁명스럽고 짜증 내며 돌변하는 모습을 보면 정상이 아닌 것 같거든. 이런 모습을 보며 부모님은 마치 세상이 무너지고 자식을 잃은 듯한 상실감과 슬픔을 느끼기도 해. 그래서 상담을 받으러 오셔서 자녀가 돌변했다며 눈물을 흘리는 부모님도 많단다. 자녀가 성장하면 부모도 함께 성장해야 하는데 어른들도 부모 역할을 하는 것은 처음이라 실수도 많이 하고 어떻게 해야 할지 몰라 헤매기도 하는 등 커가는 사춘기 자녀들을 이해하고 적응하기 어려워하는 것 같아.

사춘기를 겪어내기가 힘들겠지만, 조금 노력하면 충분히 잘 이겨 나갈 수 있어. 사춘기니까 말과 행동을 아무렇게나 해도 되겠지, 하고 생각하기보다는 갑자기 짜증이 확 올라오면 우선 짜증이 난 자신의 심리 상태를 인지하고 세 번 정도 크게 심호흡을 해보거나 짜증이 났던 장소에서 벗어나 분위기를 바꾼 뒤 자신을 사랑하고 존중하도록 '자신의 자아 존중감을 높이는 노력'을 해보면 좋을 것 같아.

나의 칭찬 노트, 괜찮아 일기 쓰기, 긍정 편지 쓰기, 자신의 장점을 글로 써보기, 미래의 신나는 꿈 상상하기, 자신이 잘하는 것과 좋아하는 것에 집중하기 등을 해보는 거야. 그 밖에 좋아하는 음악 듣기, 운동하기, 동물 사랑하기, 그림 그리기, 웹툰 보기, 노래하기, 춤추기, 건강한 유튜버 되어보기, 재미있는 영상 시청, 청소년수련시설(청소년수련관, 청소년수련원, 청소년문화의집, 청소년 센터 등 청소년 관련 시설) 프로그램에 참여하기, 청소년진로체험센터나 집 근처의 청소년 관련 기관 프로그램에 참여하기도 좋은 방법이야.

재미있고 즐거운 활동을 직접 경험해보고, 각자 기분이 좋아지는 행동이나 취미 생활을 하면 많이 좋아질 거야.

'아휴 짜증 나.' 이런 생각만 하지 말고, 몸을 움직이는 활동을 활발히 하다 보면 자아 존중감이 높아지고 사춘기를 슬기롭게 잘 극복할 수 있을 거야. 왜 그런 노력을 해야 하냐고? 좋은 인성을 만들기 위해서는 무엇보다 자신의 노력이 중요하거든. 멋지고 성숙한 어른이 되는 과정을 연습한다고 생각하면서 시도해보면 좋겠어.

말도 막하고 욕하고 함부로 큰소리치며 화내는 어른들을 보면 어때? 좋아 보이지 않지? 내 감정대로 말하고 마음대로 표현해서 타인에게 상처를 입히는 것은 내 감정만 생각하는 이기심에서 비롯된 행동이야. 부모님과 타인의 입장도 조금씩 생각해주면서 나 자신을 멋지게 성숙시키는 건 어떨까?

혼자 하기 어려우면 부모님과 가족, 믿을 만한 친구에게 솔직하게 현재 감정을 말해보는 것도 좋은 방법이야. 화와 짜증을 못 참고 이미 욱했다면 그래도 괜찮아. 진심으로 사과하는 모습도 너무 멋질 거 같아. 말로 하기 쑥스러우면 메모나 문자 등으로 지금의 마음 상태를 전달해보렴. 이렇게 솔직히 이야기하다 보면 마음이 편해지고 힘든 시기를 잘 이겨낼 수 있을 거야. 여러분이 멋진 어른으로 성장해가는 이 중요한 시기를 앞에 설명한 '자존감 높이는 노력' 등을 참고해서 현명하고 지혜롭게 잘 헤쳐 나가면 어떨까?

소녀들의 호르몬

에스트로겐은 뇌세포 활동을 촉진해서 촉각과 후각, 미각이 민감해지기도 해. 높은 행복감과 쾌락, 흥분을 느끼게 해주는 호르몬이야.

프로게스테론은 뇌 활동 축소, 불안과 우울, 피로감 증대, 성욕 감퇴 같은 영향을 주는 호르몬이야.

월경 직전, 두 호르몬의 감소로 적대감과 공격성이 증가하고 신경질적 태도가 나타나는 등 월경 전 증후군의 원인이기도 해. 이런 변화를 스스로 조절하기 어려울 수도 있지만 스스로 한 행동과 말에 대해 후회하는 일이 생기지 않도록 잘 이겨내리라 믿어.

Tip

소년들의 호르몬

사춘기 때 남자의 테스토스테론의 양은 여자보다 20배나 증가해서 공격성, 위계 형성, 지배력, 경쟁적 자기주장이 강해지는 모습이 나타나. 성 충동이 증가하기도 하지. 이를 스스로 조절하기 어려울 수도 있지만, 타인을 존중하고 배려하는 습관을 갖춘다면 좋은 대인관계를 만들어갈 수 있을 거라 생각해.

남녀 모두 에스트로겐과 테스토스테론 이 두 가지 호르몬을 가지고 있어. 다만 사춘기에 여성은 에스트로겐이, 남성은 테스토스테론이 특히 더 많이 나와서 이러한 특성을 보인다고 이해하면 될 거야. 나이가 들면 호르몬의 변화가 일어난단다. 갱년기라고 얘기해.

2장. 내 맘인데 나도 모르겠어

알리는 알라에게 용기내 어렵게 고백하고

연애를 시작한다.

오~~ 우리 아들, 좋아하는 사람 생겼구나.
누구야? 궁금하다, 궁금해. (호들갑)

아휴~ 아니야, 엄마.(부끄러워함)

사귀는 건 좋은데… 너 연애한다고 공부에 방해되면 안 돼. 알지?

아이고, 알겠어요. 걱정 마세요.

엄만, 너 대학 가서 여친 사귀었으면 좋겠는데…

에? 엄마~!! 무슨 시대에 맞지 않는… 그런 얘기를… ㅎㅎ.
무슨 어른들 연애하듯이 하는 줄 아셔…

여친을 사귀고 싶은데 엄마가 싫어해요

동성 친구도 좋지만 이성 친구에게 자꾸 마음이 끌리고, 이성 친구에게 예쁘고 멋지게 보이고 싶은 마음이 커지지 않니? 이는 너무 당연한 감정으로, 지금 아주 정상적으로 성장하고 있는 거야. 그냥 같이 있으면 좋고, 이야기도 같이 하고 싶고, 서로 관심을 가져주는 게 좋은데 부모님이 너무 과하게 걱정하시는 것 같니? 부모님은 나를 이해하지 못하고 말도 안 통하는 거 같아 답답하지?

청소년기 연애는 다른 사람을 존중할 줄 아는 자질을 키우고, 상대의 성 역할을 이해하며, 사랑의 본질과 기쁨을 알게 됨으로써 타인에 대한 혐오감이나 공포심을 덜어주고, 다른 사람과 서로 어울려 지내는 예절을 배우는 기회가 된다는 장점이 있지.

그러나 연애를 하다 보면 외모에 신경을 많이 쓰게 되고, 호르몬의 영향으로 상대에 대한 생각에 빠지다 보면 해야 할 일을 잘하지 못하거나 정신 집중이 잘 되지 않아 어려움을 겪기도 해. 연애를 하다보면 당연히 신경이 쓰이고, 생각도 많이 나고, 보고 싶어서 대부분의 시간을 상대에게 톡이나 전화를 하며 보내게 되지. 그러다 보면 미래를 위한 중요한 시기에 학업에 지장을 줄 수도 있고, 키스나 성관계 등 밀접한 관계를 갖다 보면 성적 충동을 조절하지 못해 임신 등의 문제가 발생하는 등 어려움을 겪을 수도 있어. 또한 연애하는 친구에게만 신경 쓰다가 다른 친구들을 소홀히 하면 친구들이 서운해할 수 있으니 좀 더 신경써주렴.

부모님이 싫어하고 반대하시더라도 거짓 없이 솔직하게 말하고, 할 일을 충실히 잘한다면 잔소리와 걱정이 좀 줄어들지 않을까? 당당하게 자기 할 일을 다 하면서 "엄마 아빠, 연애는 좋은 점도 있어요. 서로 자극을 줘서 공부를 더 열심히 할 수도 있고, 서로 응원해주니까 힘이 되고, 상대에게 더 잘 보이려고 노력하게 되는 면도 좋아요. 연애를 하다보면 상대에 대한 이해가 깊어져 더 폭넓은 인간관계를 배울 수도 있어요. 그러니 너무 걱정 마시고 저를 믿어주세요"라고 말씀드려봐. 그래도 우리 부모님은 말이 통하지 않고 반대하신다면, 좀 더 시간을 갖고 천천히 접근해보렴. 자신이 해야 할 일도 잘하고 공부도 열심히 하고 긍정적인 모습을 보인다면 부모님도 연애에 대해 이해해주지 않으실까?

알라는 화장을 하며 관심 받고 싶어 하고

다른 남자친구들에게도 인기가 많은데…

엄마

학생이 벌써부터 화장이야? 피부 싹 버리려고. 나중에 대학 가서 해도 늦지 않아, 딸!!!

아빠

요즘 애들은 참… 도대체 왜 이런지… (화남)

알라

치잇…(친구들은 다 하는데…)
엄마 아빠는 무조건 안 된다고만 하셔!!
쌩얼로 다니기 싫은데…

엄마 아빠가 반대하니까 몰래 나와 놀이터에서 화장하고 친구들 만나 놀다가 집에 들어가기 전에 공중화장실에서 화장 지우고…* ㅜㅜ

* 늦은 시간 공중화장실은 매우 위험해요.

화장하고 싶은데 부모님이 싫어해요

외모에 많이 신경 쓰이지? 화장하는 친구들도 많을 거야. 화장을 하면 확실히 피부가 더 좋아 보이고 예뻐 보여서 자기만족이 되고 즐거울 거야. 초등학교 고학년이나 중학생이 되면 화장하는 친구들이 많이 보이는데, 물론 안 하는 친구들도 있어. 귀찮거나, 학교 규제가 심하거나, 선생님이나 부모님께서 싫어하거나, 피부에 좋지 않을 거 같아서 화장을 안 하기도 하지.

청소년은 한창 성장할 시기이기 때문에 피부층이 얇아서 화장을 할 경우, 피부 손상이 우려되고, 클렌징 제품의 알칼리 성분이 자극성 피부염을 유발하기도 해. 품질이 좋지 않은 저가 화장품은 좋지 않은 화학물질을 사용해서 피부에 부작용을 일으키기도 하지. 용돈을 화장품 사는데 거의 써버리고, 시간을 낭비하며, 본질적인 아름다움보다는 외적인 부분에만 관심을 가져 그릇된 가치관이 형성될 수 있다고 보기도 해.

부모님들이 청소년이었을 때는 화장하는 친구가 거의 없었거든.

화장하는 학생을 보면 학생의 본분인 공부는 소홀히 하고 외모에만 신경 쓴다며 좋지 않게 생각하는 것도 사실이야. 그래서 대부분의 어른이 여러분의 화장 문화를 이해하지 못하고 좋아하지 않는 거야. 그래도 화장을 시작했다면 되도록 좋은 화장품을 사용하고 꼼꼼히 클렌징하는 거 꼭 잊지 마.

알리는 알라에게 마음을 고백하고 무작정 친구들이나

SNS에서 배운 대로 알라에게 스킨십을 하고 싶어 하는데…

Chu~
kiss~
오~
주인공 완전 멋지다.
요즘
애들은 연애하면 스킨십
보통 어디까지 가냐?
어? 글쎄… 친구들마다
다른 거 같아.
으아, 좋아하는
알라가 이런 걸 물어보니
괜히 두근거려.
아~ 나도 연애하고 싶다.
나돈데….
근데 말이야, 넌 연애할 때
키스나 스킨십 하는 거
어떻게 생각해?
글쎄… 내가 정말 좋아하고
나를 진정으로 사랑해주는
사람이라면 상관없지.
아, 그래…
실은… 나 너 좋아하는데
우리… 사귈래?
뭐? 아… 음…
생각 좀 해 볼게!
NO는 아니길…
그럼 생각해보고
답해줘 알라야^^

키스는 언제부터 가능해요?

키스는 성적(性的)인 사랑의 표현으로, 상대의 입에 자기 입을 맞추는 행위야. 입맞춤은 지금부터도 가능해. 하지만 딥키스는 섹스(성행위)와 같다고 생각해야 해. 키스와 애무는 모두 섹스의 일부란다. 딥키스가 섹스와 같다고 하는 이유는 딥키스를 통해 감정이 물결 타듯 시작되면 멈출 수 없기 때문이야. 미국에는 딥키스를 금지하는 학교도 있어. 유럽도 마찬가지로 상대의 '동의'가 중요하다는 것을 강조해.

반드시 두 사람이 모두 원할 때만 가능한 행위야. 자신의 신체로 하는 일이니 반드시 자신의 의지와 상대의 의사가 확실하게 반영되어야 해. 아직 준비되어 있지 않은데 감정이 마구 올라와서 주체할 수 없다면 우선 그 장소에서 최대한 빨리 벗어나는 게 좋아.

'거절했다가 상대가 싫어하면 어떡하지?' 하고 걱정할 수도 있는데, 내가 내 몸의 주인이니 언제 어느 상황에서든 날 지킬 수 있어야 해. 그리고 거절당해도 쿨하게 '그럴 수 있지!' 하며 존중해주고 상대가 마음의 문을 열도록 노력하며 멋진 모습 보여주자.

또한 스킨십이나 성 행동을 하는 게 친구들에게 자랑거리가 되어서는 결코 안 된다고 생각해. 나와 상대 둘만 공유하는 소중한 경험을 남에게 떠들고 다닌다면 그것을 알게 된 상대는 기분이 어떨까? 좋은 마음으로 관계를 오래 지속시키기는 어렵겠지? 상대를 배려하고 존중하면서 성숙하게 생각하고 말하고 행동하는 사람만이 사랑할 자격이 있다고 생각해.

그리고 상대가 나를 스킨십만을 위한 성적 대상으로 만난다는 생각이 들면 헤어지는 게 좋을 거 같아. 앞으로 존중과 배려심을 가진, 더 멋진 연애를 하게 될 거니까 너무 속상해하지 말고 자신의 선택을 존중하고 자신을 가장 사랑해주는 건 어떨까?

섹스는 언제부터 하면 좋을까요?

섹스에 대해 궁금한 건 너무나 당연해. 그런데 언제부터 할지는 '자신의 행동에 책임질 준비가 되었을 때'라고 답해주고 싶어. 구체적으로 언제부터 하면 좋을지, 누구와 하게 될지 여러 가지 궁금한 것투성이인데, 그 누구도 제대로 알려주지 않고, 학교에서 하는 성교육은 다 아는 내용이라 지루하기만 하지? 답답한 마음에 성적 호기심을 해결하려고 SNS에서 답을 찾고 있니? 이 책을 통해 여러분의 섹스에 대한 궁금증이 좀 풀리고, 깊이 고민하고 잘 판단해보는 의미 있는 시간을 가졌으면 해.

섹스……. 너무 궁금하고 인간으로서 갖는 당연한 욕구인데 어른들은 제대로 알려주지도 않고 무작정 못 하게만 막는 것 같아 너무하다는 생각이 드니? 남자친구가 하자고 하는데 거절하면 남자친구의 마음이 상하거나 헤어지게 될까 봐 걱정되지? 사실 이른 나이에 섹스를 하는 것은 여러 가지 문제가 있거든.

아는 것이 없고 경험도 없다 보니 준비없이 갑자기 하게 되는 경우가 많아서 실수할 가능성이 높고, 그래서 임신될 확률이 높아. 이로 인해 여러 가지 어려운 상황이 생길 수 있어. 아직 성장기라서 신체가 다 자라지 않은 것도 생각해봐야 할 문제야. 보통 18세면 여자들의 자궁경부가 거의 자라. 하지만 청소년기에 많은 자위나 성 경험을 하면 성기가 제대로 자라는데 방해가 될 수 있어. 미래를 위해 자신의 성기가 정상적으로 건강하게 잘 자라도록 아껴주는 건 어떨까?

특히 섹스를 하게 되면 정서적으로 죄책감을 느끼고 임신에 대해 크게 불안감을 느끼기 때문에 일상적인 생활이 어려워질 수도 있어. 임신하면 본인이 하고 싶은 것에 제약을 받고, 청소년기에 임신한 사실이 소문이라도 나면 학교도 다니기 어려워져. 이런 사실이 평생 꼬리표처럼 따라다니는 것을 보기도 했어. 중·고등학교 시절은 공부를 하는 등 미래를 위해 준비해야 하는 시기이고, 아기를 낳아도 가정을 이루거나 책임을 지기 어려운 상황인 게 사실이기 때문에 부모님들은 자녀들이 성인이 돼서 자신의 삶에 책임질 수 있을 때 성관계를 하기 바라는 거야. 청소년기의 임신은 정말 조심해야 해.

수능을 치르고 성인이 되면 입시경쟁에서 해방되어 정서적으로 안정되기 때문에 혹시 임신을 하더라도 아기에게 안정감을 줄 수 있고, 출산과 결혼이 가능한 나이이기 때문에 부담을 덜 수 있지. 사회에 나가서 일할 수도 있고, 경제적 독립이 가능하니 가정을 책임질 수 있잖아.

민법 제807조에서는 결혼이 가능한 나이를 만 18세로 규정하고 있어. 하지만 만 18세는 미성년자이므로 부모의 동의를 받아야 결혼할 수 있어. 대한민국 국민은 만 19세가 되어야 성년으로 인정받고 만 18세는 아직 미성년자이기 때문에 동의가 필요한 거야.

성에 대한 인식은 인류의 역사와 함께 많은 변천을 겪어왔어. 고대 그리스와 고대 중국에서는 남녀의 성적 결합을 자연스러운 것으로 생각했지만, 기독교와 불교 등 종교에서 성은 억압의 대상이었어. 성 역할은 사회의 문화적 관습에 따라 다른데, 대개 남성과 여성의 성으로 구분하는 경향이 있어. 사회에 따라 성에 대한 기대치가 다르고 그에 따라 성차별 현상이 나타나기도 해. 인간의 성행위는 종족 보존을 위한 기본적인 욕망일 뿐 아니라, 사랑의 표현이자 삶의 큰 즐거움이란다.

섹스하는 것은 개인의 자유에 달려 있는 문제야. 더 정확하게 말하면 두 사람의 의견이 하나로 합쳐지는 존중과 동의가 수반되어야 하고, 친밀감과 사랑의 표현이며, 소통의 수단이지. 어떤 이유로든 원하지 않는 섹스를 억지로 해선 안돼. 자신의 행동과 그 결과에 책임질 수 있을 때가 섹스를 할 수 있는 가장 적절한 시기야. 물론 성관계를 갖기 전에 성적 동의가 이루어져야 하지. 그러지 않으면 상대가 수치심을 느끼거나 자존감에 상처를 받을 수 있어.

'첫 경험에 대한 좋지 않은 추억'을 가진 청소년이 많아. 부모님이 하지 말라고 했는데 부모님의 말을 어겨서 죄책감을 느끼기도 하고, 준비를 제대로 하지 못하고 갑자기 하게 되어서 두렵고 겁나고 너무 아프기만 했거나, 며칠씩 아파서 몸을 움직이지 못한 경우도 있어. 임신에 대한 두려움으로 불면증에 시달리기도 하지. 처음 시작하는 게 어렵지 한번 하고 나면 자꾸 여러 번 하게 돼서 매달 임신에 대한 스트레스로 걱정하며 지내거나, 생리 기간을 매달 따지게 되는 등 전전긍긍하는 모습을 많이 봤어. 당연히 공부나 하던 일에 집중하지 못해 성적은 계속 떨어졌지.

그러니까 주위에 넘쳐나는 현실성 없고 잘못된 성 정보(음란물 같은)를 무분별하게 보고 재미로 따라 하는 실수는 하지 말아야겠지. 잘못된 성 행동과 성 의식은 나와 상대에게 평생 트라우마로 남거나 감당하기 어려울 정도로 부정적인 영향을 끼칠 수 있어. 혹시 이미 경험했다면, 그 과정이

어땠는지 한번 생각해보는 시간을 가져보는 것도 좋을 거 같아. 어떤 친구들은 반성도 되겠지만, 지나간 일을 후회하거나 너무 죄책감 갖지 말고 잊어버리면 좋겠어. 미래가 중요하니까 지난 일에 매달리지 말고 앞으로 어떻게 살아갈지 고민해보는 게 어떨까?

점점 몸과 마음이 잘 성장해가는 자신을 응원해주면서 지금 주어진 이 소중한 청소년기를 마음껏 즐기며 재미있고 신나게 보내렴. 보고 싶고, 경험하고 싶은 거에 마음껏 도전해보면서 말이야. 자신이 좋아하는 관심 분야를 더욱 다양하고 깊이 있게 찾는데 에너지를 쏟아보면 어떨까? 청소년기의 도전과 몰입은 여러분의 진로나 미래에 큰 도움이 될 거라 확신해. 여러분의 꿈을 응원해!

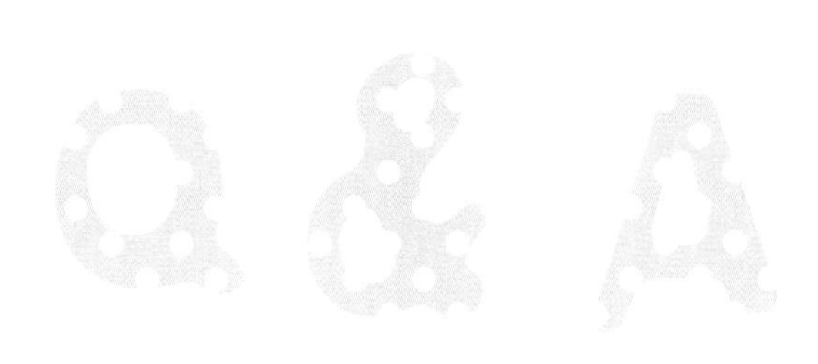

Q. 남친이 집요하게 섹스하자고 고집 부리는데 계속 거절하면 헤어지자고 할까 봐 걱정돼요.

정말 좋아하는 남자친구인데 이런 이유로 헤어지자고 할까 봐 속상하고 두렵구나. 그런데 계속 섹스만 하자고 강요한다면 헤어지는 게 나을 것 같아. 너를 진정 사랑한다기 보다 성적 욕구를 채우기 위한 수단으로만 생각하는 거 같거든. 대화를 조금 더 해보렴. 너를 정말 사랑하고 좋아한다면 몸과 마음의 준비가 될 때까지 기다려달라고 말이야.

Q. 여친이 너무 좋고 사랑해서 섹스하고 싶은데 자꾸 거부하니까 여친이 날 좋아하지 않는 것 같아요. 헤어지는 게 낫지 않을까 하는 생각이 들어요.

여자친구에게 거절당해서 무안하기도 하고 너를 좋아

하지 않는 것 같다는 생각이 드는구나. 그러나 이런 일로 여자친구를 밀어붙여서는 절대로 안 돼. 신중할 필요가 있어. 거절하는 여자친구를 자존감 강하고 자신을 지킬 줄 아는 멋진 친구라고 생각하렴. 너무 좋아해서 함께하고 싶은 마음은 얼마든지 이해할 수 있지만, 여자친구를 정말 좋아한다면 배려하고 기다릴 수 있어야 해. 그러지 않고 무작정 강요하는 것은 폭력이야. 성폭력으로 처벌받을 수도 있어. 상대의 동의 없이 마음대로 하고 싶다면 아직 섹스할 준비가 되지 않은 거야.

아직도 궁금한 게 남아 있다면 언제든 성 상담을 신청해보렴. 모두 다 솔직하게 이야기해줄게. 국번 없이 청소년상담전화 1388에 전화하거나 한국청소년상담복지센터, 아하청소년성문화센터 등 전문기관에 문의해도 좋아. 그런데 성에 관해 궁금하면 우선 부모님께 물어보고 상의하는 것은 어떨까? 아니면 비밀을 말할 수 있는 믿을 만한 주변 어른(친척, 청소년지도사, 청소년상담사, 선생님, Loy쌤 등)께 질문해보렴.

알라

아 궁금해. 궁금해. 궁금해. 과연 어떤 느낌일까?

알리

여자들은 오르가슴까지 가기 어렵다는데.

알라

그러게. 어떻게 해야 오르가슴에 도달하는 거지??

알리

궁금하긴 하다.

알라

몸이 다 자라고 어른이 되면 다 해볼 텐데 뭐.

알리

빨리 경험해보고 싶지 않아?

알라

아니! 내 몸은 소중하니까 건강하게 성장하고 난 후 어른이 돼서 정말 사랑하는 사람과 할 거야!

오르가슴이 뭐예요?

오르가슴은 성적 흥분이 절정에 이르는 것을 말해. 쾌감과 함께 생리적 감각과 감정적 해방이 일어나고 성적 만족감이 절정에 이르지. 사람마다 다양한 형태로 나타나는데, 섹스할 때마다 꼭 오르가슴에 도달하는 것은 아니야. 오르가슴을 느낀 후에는 곧이어 성적 긴장이 풀어지고 전신 근육이 이완돼. 오르가슴은 갑작스레 찾아오는 느낌으로, 사람마다 다양하게 경험하고 있어. 맥박 수와 혈압이 갑자기 높아지고 골반 근육에 경련이 일어나 여성은 질(膣) 하부가 수축하고, 남성은 요도 근육이 수축하면서 사정하게 돼.

남성은 보통 사춘기에 이르면 몽정이나 자위를 통해 첫 오르가슴을 경험해. 여성은 대부분 첫 오르가슴을 좀 더 늦게 경험하는데, 종종 30세가 지나서야 완전한 경험을 하기도 해. 물론 개인차가 있어서 더 늦은 나이에 경험하는 경우도 있어. 남성과 여성 모두 절정에 이르면 순간적인 근육 수축을 경험하는데, 수

축 시간은 보통 여성이 더 길어. 여성은 일단 오르가슴에 도달하면 성적 흥분 상태가 더 오랫동안 유지되며 연속해서 몇 번 경험할 수 있는 반면, 남성은 보통 일정한 시간이 지나지 않으면 두 번째 오르가슴을 경험하기가 매우 어려워.

평소 친구의 이야기를 잘 들어주는 알리가

친구로부터 성소수자임을 고백받는데…

무슨 고민 있어?
왜 그렇게 심각해?

너, 성소수자란
말 들어봤어?
동성을
좋아하는 사람?

동성에게 연애의 끌림을 느끼는
사람은 물론이고 자신의 성을
바꾸고 싶어 하거나
다양한 성 지향성을 가진 사람이래.
넌 성소수자를 어떻게 생각해?
검색

글쎄, 난
성소수자를 지지하진 않지만
하나의 개인으로 존중해야 하고
같은 인간으로 존중해야
한다고 생각해.

그래… 오늘 친구가 동성이 좋다고
커밍아웃했는데 너무 당황해서
아무 말도 못 했거든…
청소년기는 성 정체성이 형성되어 가는
과정인데 나중에 후회하지 않도록 동성을
좋아하는 마음과 성적 지향을 혼동할 수
있으니 신중하면 좋겠다고 말해줘야겠어.

성소수자는 어떤 사람이에요?

2016년 8월, 호주 통계청은 인구조사를 실시하면서 성별란에 여성과 남성 외에 '기타(other)' 항목을 추가했어. 세상에는 여성과 남성이라는 이분법적 구분으로 설명할 수 없는 다양함이 존재해. 세계보건기구(WHO)의 '질병 분류 리스트'에서 동성애를 제외하는 결정이 내려진 것은 1990년이야. 2000년 무렵부터 네덜란드, 독일, 프랑스 등 유럽 국가들과 캐나다, 미국, 아르헨티나 등에서 동성 혼인을 인정하는 법률이 생겼어. 인생의 반려가 이성인지 동성인지의 차이로 사회적인 차별이 있어서는 안 된다는 생각에 따른 거야.

호기심이 많은 청소년들은 순간적인 충동으로 성소수자가 되지 않을까 하는 걱정을 하기도 해. 성소수자는 자신의 성적 지향을 바꾸고 싶어도 바꿀 수 없는 사람들이야. 중요한 행동을 하기에 앞서 자신을 잘 알아야 한다는 점을 꼭 기억하렴. 평범한 아이들이 동성 친구를 좋아하는 마음과 성적 지향을 혼동하는 경우도 있거든. 성전환 수술을 받고는 뒤늦게 본래의 성이 맞았다고 후회하는 사람도 봤어.

사람들 중 아주 소수의 사람만 성소수자로 분류된단다. 성과 관련, 사람은 다음의 7가지 정도로 분류할 수 있어.

1. 이성애자(heterosexual : 헤테로 섹슈얼)

생물학적(sex) 또는 사회적 성별(gender)이 다른 이성에게 감정적 · 성적으로 끌리는 사람이야. 가장 많고 보편적인 성 지향성이지.

2. 동성애자(homosexual : 호모 섹슈얼)

생물학적 또는 사회적 성별이 같은 동성에게 감정적, 성적으로 끌리는 사람이야. 흔히 남성 동성애자를 '게이', 여성 동성애자를 '레즈비언'이라고 불러.

3. 양성애자(bisexual : 바이 섹슈얼)

남녀 양성에 감정적, 성적으로 끌리는 사람이야. 흔히 생물학적 남성과 여성 둘 다를 좋아하고, 두 가지 젠더에게 끌림을 느끼는 사람을 말해.

4. 무성애자(asexual : 에이 섹슈얼)

어떠한 성별에도 성적으로 끌리지 않는 사람이야. 성욕이 많고 적고는 상관없어. 누구에게도 성적 자극을 느끼지 않는 사람을 뜻해.

5. 범성애자(Pansexuality : 팬 섹슈얼)

젠더퀴어(genderqueer)는 남성과 여성이라는 성별의 구분에서 벗어나, 그 외의 성적 정체성을 가지는 상태를 말하는데 범성애자는 젠더

퀴어를 포함한 모든 성별에 감정적, 성적으로 끌리는 사람을 말해. 사람을 사랑할 때 성별이 어떤 영향도 미치지 않아 '젠더 블라인드(gender blind)'라고 표현하기도 해.

6. 다성애자(polysexual : 폴리 섹슈얼)

두 가지 이상의 성별에 감정적, 성적으로 끌리는 사람이야. 양성애자와 구분하기 위해 세 개 이상의 젠더에 끌림을 느끼는 사람이라고 정의하기도 해.

7. 큐어(Queer)

본래 '이상한', '색다른' 등을 표현하는 단어였지만 현재는 성소수자(게이, 레즈비언, 양성애자, 트렌스젠더 등)를 포괄하는 단어로 사용되고 있어.

생물학적 남성과 여성 이외에 기타 중간적인 성을 갖는 것을 인터섹스(intersex : 간성)라고 해. 매년 세계에서 약 1.7%의 신생아가 변이된 성적 특징을 갖고 태어나는 것으로 추정돼. 이렇게 태어난 아기는 대부분 부모 뜻에 의하여 성별을 결정짓는 외과 수술을 받는데 이러한 관행은 이 아이의 인권에 대한 중대한 침해라고 생각해. 모두 그렇듯이 인터섹스인 사람들은 성장 후에 자신의 신체에 대해 잘 알고 나서 직접 자신의 성을 스스로 결정할 권리가 있어야 해.

성소수자도 하나의 개인으로 그들의 인권을 존중해야 한다고 생각해.

스킨십을 밀어붙이다가 결국 알라에게 이별을 통보받은 알리.

슬픔에 빠지는데…

뭐야, 너 또 알라 ★그램 보고 있었던 거야? 그만 좀 보지…

그냥, 나도 모르게 마음이 너무 허전해ㅜㅜ

헤어지고 나서 매일 ★그램으로 알라 사진만 보고 있잖아. 이별 후폭풍이 너무 심한 거 아냐?

계속 같이 찍었던 사진만 보게 되네ㅜㅜ 어떻게 해야 하지? 내가 너무 내 생각만 했나?

많이 힘들구나… 근데 알리야…
시간이 약이라고 하니까 점점 괜찮아질 거야.
너무 힘들어하지는 마. 지금은 이성에 대해 알아가는 과정이잖아. 앞으로 더 좋은 여자친구를 만날 수도 있어. 사랑은 사랑으로 잊으라고 하니까 힘내.

이별 통보를 받은 후 너무 힘들어요

친구와 헤어져서 너무 슬프고 괴로운 시간을 보내고 있구나. 아픈 마음을 위로해줄게. 토닥토닥……. 진심을 다해 좋아한 거 같은데 갑자기 이별 통보를 받고 나니 당황스럽고 화도 나고 속상하고 괴로운 마음이 들지? 부디 조금만 힘들어하고 되도록 빨리 이겨냈으면 좋겠어. 왜냐하면 이런 감정은 몸에 해롭고 자신을 형편없는 인간이라고 생각하는 등 마음을 부정적으로 만들거든. 자존감이 바닥으로 떨어지고 깊은 슬픔에 빠져 있다 보면 우울해져서 공부도 안 되고 일상생활에도 지장을 줄 수 있어. 상대는 아무렇지도 않은데 나만 계속 슬픔에 빠져 있으면 더욱 속상할 것 같아.

그러니까 슬픔의 시간이 너무 길어지지 않게 노력해보자. 앞으로 더 멋지고 더 좋은 친구를 만날 수 있을 거야. 어떤 친구를 만날지 생각하다 보면 기분이 좀 좋아질 거야. 앞으로 많은 만남을 갖다 보면 더욱 멋진 연애를 할 수 있는 것은 물론, 상대방에 대해서도 더욱 잘 이해하게 될 거야. 혹시 네가 실수해서 이별했다면 다음에 연애를 할 때는 그 같은 실수를 반복하지 않도록 노력하면 돼. 상대가 특별한 이유 없이 이별을 통보했다

면 나와 인연이 아니었다고 생각하는 게 어떨까. 상담을 하다 보면 일방적으로 한쪽에서 사랑을 주는 관계는 지속되기 어렵더라고. 양쪽이 서로 사랑해주고 배려하고 아껴주고 이해해줘야 좋은 관계가 지속될 수 있는 거 같아.

Tip

경계 존중

누구나 안전하게 자신을 지키기 위한 기준과 한계를 정해놓은 경계가 있게 마련이야. 상대의 경계에 가까이 가려면 가까이 가도 되겠냐고 꼭 질문해야 해.

사람마다 기준이 다른데, 대부분 경계 거리는 2m 정도고, 신뢰가 쌓이면 1m, 연인관계는 30cm 이내로 줄어들어.

누군가 내 경계를 침범했다면 "들어오지 마세요", "고맙지만 아직은 곤란해"라고 거절할 수 있어야 해.

그렇다면 나의 독선으로 상대의 경계를 깨뜨려서 상대가 놀라고 당황했다면 어떻게 해야 할까? 무너진 신뢰를 회복할 수 있을까?

그럼, 당연하지! 회복할 수 있어! 그 방법은 바로 '용기 있는 사과'야. 미안하다고 진심으로 이야기하면 신뢰가 회복되고 관계가 다시 좋아질 수 있어.

3장. 생명

배려심 많고 친절한 알리.

평소 친했던 같은 반 친구 재희에게 갑자기 연락이 오는데…

왜 생리 안 하지?
이상하네. 설마….
선배와 딱 한 번 했는데
임신되다니….
엄마한테 말해야 하나?
혼날 텐데….

선배는 계속 전화도
안 받고ㅜㅜ
왜 연락 안 되는 거지?
재희야,
무슨 일이야?

알리야, 나 임신했어.
말할 사람도 없고, 나
너무 무서워.
선배가 하자고 해서
억지로 한 번 했는데….
뭐?! 진짜 어떡하지?
재희야, 너무 걱정 마.
잘 해결할 수 있을 거야.

Q&A

Q. 임신은 어떻게 되는 거예요?

난자는 한 달에 한 번, 대략 28일마다 만들어지며 하루 정도 산다고 해. 정자는 2~3일간 살 수 있어. 하지만 공기와 접촉하면 바로 죽어. 난자는 인간 세포 중 가장 커서 눈으로 볼 수 있는 세포이고, 정자는 인간 세포 중에서 가장 작은 세포란다. 난자는 난소, 정자는 고환(정소)에서 만들어져. 음낭의 수축으로 온도 조절을 해서 정자를 위한 최적의 온도(체온보다 2~3도 낮음)를 유지해. 정자는 우리의 유전자, DNA를 품고 난자를 향해 매우 빠르게 움직이는 생식세포란다.

성관계를 통해 난자와 정자가 만나 수정되면 임신된다는 건 다 알고 있지? 정자를 여성의 몸에 넣어주어야 하기 때문에 여자의 포궁에 최대한 가깝게 밀착해서 정자를 전달해줘야 해. 여자가 몸과 마음의 준비가 되면 남자의 발기된 음경을 여자의 음순에 넣으면서 잘 들어가도록 피스톤 운동을 한단다. 이 과정에서 남자가 사정하면 정자가 포궁으로 들어가고, 이후 정자와 난자가 만나 수정이 일어나면서 임신되는 거야. 수정이 일어난 지 약 266일(38주) 후, 마지막 월경 시작일로부터 약 280일 후 태아가 모체의 몸 밖으로 나오면서 출산이 이루어져.

정자의 수는 사정 시 약 3억 개, 포궁 입구에서는 약 10만 개, 난자에 도달할 무렵에는 약 100개, 마지막으로 난자에 들어가는 정자는 거의 1개야. 이 하나의 정자로 대부분 임신이 되는 거지. 여러분은 모두 3억 마리의 정자가 협력해서 임신되어 세상에 태어난 거야. 정말 대단하지 않니? 세상에 태어난 것을 다시 한번 축하해.

여자의 임신 시 대처법

성관계 이후 예정일이 1~2주 지났는데도 월경을 시작하지 않으면 약국에서 '임신 테스트기'를 사서 테스트해보거나 가능한 한 빨리 산부인과 병원에 가서 전문의의 진료를 받아야 해. 월경이 불규칙할 수도 있지만, 의심된다면 즉시 임신했는지 확인해보는 것이 좋아.

만일 임신했다면 당황하지 말고 부모님이나 여러분의 법적 보호자에게 상의해야 돼. 왜냐하면 소중한 생명과 관련되어 있는 매우 중요한 일이고, 아직 미성년자이기 때문에 어떤 조치를 취하든 법적으로 부모의 동의가 필요하기 때문이야. 아기를 낳는다고 하더라도 혼자 키울 수 없어 부모의 도움이 절실하게 필요하고, 만약 임신중절수술을 받기로 결정하더라도 부모의 동의를 꼭 받아야 해.

물론 '부모님께 혼날 텐데……' '크게 실망하실 텐데……' '그냥 말하기 싫은데……' '너무 부끄러운데……' 등 여러 가지 생각이 들 수 있어. 하지만 부모님은 여러분을 낳고 소중히 키워주신 보호자고, 주변 어른(선생님, 친척, 청소년지도사, 청소년상담사 등)들도 너희를 사랑하고 아끼고 있단다. 이분들 모두 너희가 잘되기만 바란다는 거 말 안 해도 잘 알지? 물론 부모님이 속상한 마음에 야단을 치거나 화를 내실 수도 있지만, 그 정도는 감당해야 돼. 생각지도 못했던 큰일에 실망하실 수도 있지만, 부모님은 계속해서 화만 내지는 않으실 거야. 왜냐하면 화만 내고 있을 시간이 없기 때문이야. 가능한 한 빠른 시간 안에 대처 방법을 결정해야 할 중요하고 큰 문제이고, 무엇보다 자식을 사랑하는 마음이 크기 때문에 반드시 도와주실 거야. 도저히 부모님께 말씀드리지 못하겠으면 긴급한 상황이니 청소년상담전화 '1388'로 전화해서 도움을 청하거나 집 근처 청소년 관련 기관의 청소년지도사 혹은 청소년상담사에게 도움을 청해보렴. 이분들은 청소년에 관해 전문적으로 공부하신 분들이고 국가 자격증이 있는 전문가이니 너희의 처지를 누구보다도 잘 이해하고 부모님께도 잘 말씀드려주실 거야.

주변의 친한 친구나 선배들과 상의하는 것도 좋지만, 비슷한 또래들은 임신 경험이 거의 없기 때문에 판단하기 어려울 수 있어. 여러분들끼리는 해결하기 힘든 문제이니 부모님이나 주변 어른들께 도움을 꼭 청해야 해! 그리고 남자친구에게도 꼭 임신 사실을 알리고, 어떻게 해결할지 함께 상의해야 해.

남자의 임신 시 대처법

제대로 준비된 피임을 못 해서 여자친구를 임신시켰다면 너무 당황하지 말고 마음을 차분히 가라앉힌 뒤 지혜로운 방법을 생각해보자. Loy쌤(저자 오세비)이 너희 두 사람을 위해 노력할게.

우선, 여자친구가 임신했다는 사실을 알고 나서 무척 당황했을 거야. 불안하고 초조하고 어떻게 해야 할지 모를 정도로 혼란스러울 거야. 하지만 이렇게 고민만 할 시간이 없어. 가능한 한 빨리 어떻게 할지 결정을 내려야 해. 여자친구와 함께 사랑해서 만든 소중한 아기가 여자친구의 배 속에서 매일매일 자라고 있기 때문이야. 여자친구의 불안과 초조한 마음이 배 속 아기에게 그대로 전달되면 당연히 아기에게 좋지 않은 영향을 줄 수밖에 없어. 너도 정신적으로 많이 힘들겠지만, 여자친구는 정신적으로 힘들 뿐만 아니라 앞으로 육체적으로 엄청난 일들을 겪어야 하기 때문에 더욱 무섭고 고통스러울 거야.

청소년기의 임신은 평생 지울 수 없는 최악의 트라우마로 남을 수도 있어. 우울증 등 심리적 상처가 깊게 남기도 해. 임신중절수술을 받을 경우, 잘못되기라도 하면 앞으로 임신을 못 하게 될 수도 있어. 생각보다 심각한 상황인 거지. 너도 많이 힘들겠지만, 네 마음은 조금 뒤로 하고 지금 엄청나게 불안해할 여자친구의 마음을 먼저 위로해주고, 함께 많이 이야기하고, 되도록 옆에 있어주고, 여자친구의 이야기를 들어주면서 힘낼 수 있도록 최선을 다해 노력하면 좋겠어. 그리고 함께 행동했는데도 여자친구 혼자만 감당해야 하는 고통에 대해 진심을 다해 사과해야 해.

부모님께도 여자친구가 임신했다는 사실을 반드시 말씀드리고 어떻게 할지 상의해야 돼. 여자친구의 부모님과 만나서 양쪽 부모님이 함께 아기를 출산할지 수술할지 하루 빨리 상의하고 결정해야 하거든. 부모님께 말씀 드리는 것이 매우 불편하고 죄송한 마음이 들 거야. 그래도 모두를 위해 용기를 내보렴. 이 문제는 여자친구하고만 상의한다고 해서 해결할 수 없는 아주 중요하고 어려운 문제이기 때문이야.

부모님께 진심을 다해 심려 끼쳐서 죄송하다고 말씀드려. 자신이 한 행동에 책임지겠다고 약속드리고. 처음엔 놀라시더라도 부모님도 용기 있는 멋진 아들이라고 생각하고 네 실수를 이해하고 수용해주실 거야. 그리고 여자친구의 부모님을 만나 진심으로 사죄하는 모습을 보여야 해. 어떻게 할지는 모두 함께 모여 상의하고 결정해야 해. 너와 네 여자친구는 물론 양쪽 부모님께도 상처가 될 수 있는 중요한 문제이니까 말이야.

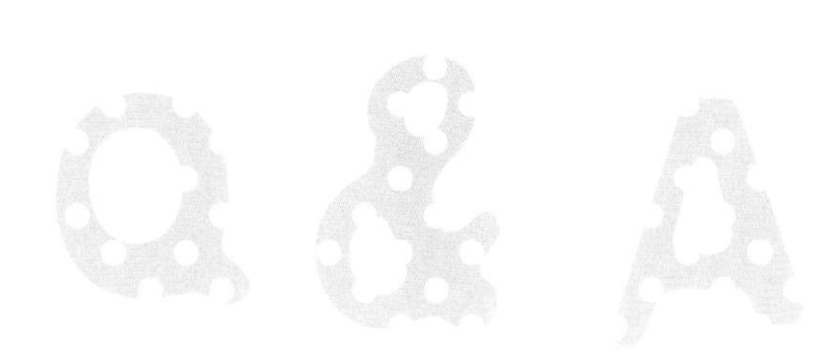

Q 아기를 낳기로 결정했는데 앞으로 어떻게 해야 할까요?

어렵고 힘든 결정하느라 고생 많았어. 그동안 많이 힘들었지? 계속 힘들어만 하면 배 속 아기에게 부정적인 영향을 미칠 수 있으니 좋은 생각만 하고 아기를 만나는 그날까지 잘 준비하고 몸조심하렴. 축하해.

1. 부모님의 도움 여부

도움받을 수 있다

아기와 함께 살면서 도움받을 수 있다면 부모님께 감사한 마음을 갖고 아기 키우는 데 드는 비용, 생활비 등을 모두 계산해서 나중에 성인이 되어 돈을 벌어서 부모님께 모두 갚아드려야 해.

도움받을 수 없다

집을 구할 돈이 없어 고민일 거야. 미혼모 시설이나 집

근처 청소년쉼터나 복지시설 등으로 가면 아기와 함께 살면서 국가의 도움을 받을 수 있어.

2. 아기와 함께 살 집 정하기

아기 아빠의 집, 아기 엄마의 집, 모두 함께 모여 아기와 살 신혼집, 미혼모시설, 복지시설 중 어디서 살지 결정해야 해.

3. 경제적인 부분

아기 분유값, 기저귀값은 물론 아기 엄마와 아빠 모두 먹고살기 위해 필요한 돈을 벌어야 하는데 여자친구는 임신했을 때는 물론 출산한 이후에도 아기를 돌봐야 하기 때문에 아마도 남자가 혼자 일을 하며 돈을 벌어야 할 거야. 무슨 일을 해서 돈을 벌 수 있을까 고민해보렴. 복지시설 등에서 지원받을 수 있는지도 잘 알아봐서 도움받도록 하자.

어디에서도 지원받지 못하고 부모님께 경제적으로 도움을 받을 수 없다면 당장 알바를 구해서 일을 시작해야겠지. 그동안 학교만 다니느라 일을 해본 경험이 없어서 육체적으로나 정신적으로 많이 고되고 힘들 거야.

그래도 자신이 선택하고 행동한 것에 책임지는 멋진 모습을 기대할게.

4. 마음가짐

새로 태어날 사랑스러운 아기와 가족을 위해 최선을 다하겠다고 마음 먹으면 좋겠어. 지금껏 부모님이 나를 돌봐주고 키워주신 것처럼 말이야.

그리고 힘들더라도 가족을 돌보기 위해서 일하는 것이니 기쁜 마음으로 열심히 하면 좋겠어. 나의 아기를 낳아주기 위해 모든 것을 포기하고 애써야 할 고마운 아기 엄마를 생각하렴. 아무것도 모르고 태어날 아기는 축복받아야 하는 사랑스러운 존재라는 것도 기억하고.

아기 엄마가 임신 중에 먹고 싶다고 하는 것, 해달라고 하는 것은 어렵더라도 다 해주도록 노력해야 돼. 그래야 배 속의 아기가 건강하게 잘 성장할 수 있어. 힘들고 스트레스가 쌓인다고 아기 엄마와 싸우거나 아기 엄마를 힘들게 하면 배 속의 아기는 바로 스트레스를 받게 되는데, 이러한 환경에서는 아기의 뇌가 비정상으로 발달할 가능성이 높아. 건강하지 못한 아기로 인해 온 가족이 평생 감당해야 할 문제들이 생길 수도 있으니 임신

중에는 아기 엄마에게 절대 스트레스를 주어서는 안 돼. 행복하고 기쁘게 해주기 위해 최선을 다해야 해. 엄마께 물어보렴. 너를 임신했을 때 아빠가 어떻게 대해 주셨는지 말이야.

5. 학교

우선 여자친구는 학교를 다니는 게 쉽지 않을 거야. 배가 계속 불러서 육체적으로 많이 힘들기도 하고, 입덧 때문에 밥을 제대로 먹을 수도 없고, 다양한 신체적 변화로 인해 학교를 다니기 어렵고 힘들어지는 거지(다음 장의 '임신 시 몸의 변화'를 참고해보렴). 그리고 경제적 문제가 해결되지 않는다면 여자친구와 아기를 돌보기 위해 일을 해야 하니까 남자친구도 지금까지 누렸던 자유롭고 즐거운 학교 생활을 다시 하기 어려워지겠지. 안타까운 일이지만 말이야.

학교에 임신했다는 소문이라도 나면 둘 다 더욱 학교를 다니기 힘들어질 거야. 그래서 대부분 안타깝게도 자퇴하게 되더라고. 하지만 나중에 검정고시를 준비해서 시험을 볼 수도 있으니 미래를 위해 학업을 포기하지는 말았으면 해.

임신중절수술

임신중절수술을 받으려면 정상적인 의료기관의 전문의와 가능한 한 빨리 상담해야 해. 임신중절수술을 받게 되면 당연히 몸에 무리가 될 수밖에 없어. 임신중절수술을 받는 것은 출산한 것과 같기 때문에 수술 후에는 몸조리를 제대로 해야 해. 수술 후 몸조리를 잘하지 않으면 손목, 발목 등 관절이 아픈 산후풍 증상부터 포궁이나 월경에 문제가 생겨서 습관성 유산이 되어 불임에 이르는 등 건강이 악화되기 쉬워.

특히 임신중절수술을 받은 후에는 수술로 인한 내부 장기의 손상으로 포궁이 큰 상처를 입게 되는데, 이렇게 손상을 입은 포궁을 빨리 회복시켜야 임신중절수술 후 나타나는 합병증을 예방할 수 있어. 그래서 임신중절수술을 받은 후에는 포궁의 기능을 회복시키기 위해 병원에 가서 검사를 받고, 상태에 따라 적절한 치료를 받아야 돼.

임신중절수술을 받은 후에는 뭐니 뭐니 해도 안정과 휴식이 중요하니 최소한 21일(3주) 정도는 무거운 짐을 옮긴다거나 무리하게 운동하거나 장거리 여행을 하는 것을 되도록 피하는 게 좋아. 또한 수술 후 포궁 환경의 변화로 쉽게 임신되는 경우가 많으니 더욱 주의해야 해.

수술 후에는 미역국을 꾸준히 먹는 것이 좋아. 미역국은 혈액 순환을 돕고 피를 맑게 해서 몸 안에 고여 있는 어혈을 풀어주는데 효과적이야. 수술 후에는 영양 섭취가 무엇보다 중요하므로 고단백 음식과 칼슘, 비타민, 무기질 성분이 풍부한 음식을 충분히 먹어서 몸의 회복을 도와야 해. 몸과 마음이 너무 힘들면 전문가에게 지속적으로 치료받고 꼭 심리 상담을 받으면 좋겠어. 이미 지나간 과거는 되돌릴 수 없으니 나 자신을 생각해서 더 이상 괴로워하거나 나쁜 생각을 하지 말고 좋은 생각을 하면서 빨리 이겨내보자.

다시 한번 강조할게! 임신하지 않도록 피임 관련 내용을 숙지하고 임신중절수술은 하지 않도록 정말 조심하자!

그리고 출산했다면 힘들겠지만 부모로서 끝까지 책임지고 잘 키워야겠지. 소중하고 귀한 아기들이 잘 자랄 수 있도록 도와줘야 해. 힘없고 연약한 어린 아기의 생명을 함부로 할 권리는 그 누구에게도 없어. 이 세상 무엇보다도 소중한 것은 생명이라는 것을 명심하렴!

아래 QR 코드의 '베이비 박스 영상'은 꼭 시청하자.

Q&A

Q 수술하기로 결정했는데 어떻게 해야 할지 모르겠어요.

어려운 결정을 하느라 마음고생이 정말 심했겠구나. 이제 어떻게 하면 좀 더 좋은 결과가 생길지 우리 같이 고민해보자. 임신중절수술을 받으려면 반드시 병원에서 전문의와 상의해야 해. 수술은 출산이나 마찬가지로 중요한 일이야. 양쪽 부모님과 함께 모두 병원에 가서 수술이 끝날 때까지 기다려줘야 해. 이미 말씀드렸겠지만 여자친구와 여자친구의 부모님께 다시 한 번 머리 숙여 진심 어린 사과를 드렸으면 좋겠어. 마음이 정말 많이 아프실 거야.

또한 수술비, 회복 비용, 심리적·정신적 피해보상 등을 협의해 여자친구 부모님이 원하시는 만큼 지불해 드려야 해. 지금은 학생이라 돈이 없으니 앞으로 돈을 갚겠다는 각서나 약속 증서라도 써드려야 해.

만약 부모님이 이런 비용을 지불해주신다면 이는 부

모님께 빌린 것이라 생각하고 성인이 되어 일자리를 구하든 아르바이트를 하든 돈을 벌기 시작하면 부모님께 1순위로 무조건 갚아 나가야 해.

이것이 신뢰를 회복할 수 있는 길이고, 최선을 다하는 길이야. 자신의 행동에 책임을 지는 과정이지.

수술을 받은 뒤에 여자친구가 회복될 수 있도록 끝까지 온 힘을 다해 노력해야 해. 반드시 함께 행동한 것에 대해 책임지는 모습 보여주면 좋겠어.

나도 학교 가서
친구들과 놀고 싶다.

훌쩍
훌쩍…
한 달 남았네….
아기 낳을 때 많이 아플까?
낳고 나서 6개월 이상
몇 시간마다 모유를 수유해야 한다는데
내가 할 수 있을까?
잘 키울 수 있을까?
우리 아기가 지금 내 나이인 15살이면
난 30살이 되겠네.

임신 시 몸의 변화

1. 몸이 아주 피곤하고 나른하고 미열이 생겨

감기나 몸살에 걸린 것처럼 온몸이 나른하고, 머리가 아프거나, 몸이 으슬으슬 춥고, 한기를 느끼며, 몸을 조금만 움직여도 쉽게 피로해져. 탈모, 두통이 생기기도 하지. 질 분비물이 많아지고, 기미 주근깨가 생기고, 아랫배가 팽팽해지면서 아프고 변비가 생겨. Loy쌤은 임신했을 때 회사에 다니며 일을 했거든. 너무나 피곤하고 힘들었던 기억이 있어.

2. 유방이 붓고 스치기만 해도 아파

호르몬이 왕성하게 분비되어서 월경하기 전처럼 유방이 당기듯이 아프거나 부풀어 올라 크고 무거워지고

유두가 아주 민감해져 옷에 스치기만 해도 아프고 따끔거려. 특히 유두와 유두를 중심으로 있는 동그란 원 모양의 유륜이 갈색으로 바뀌며 두드러지게 색이 짙어지고 유방 바로 밑 혈관이 선명하게 보이기도 해. Loy쌤은 임신했을 때 유방이 1.5배나 커져서 깜짝 놀랐단다.

3. 2개월경 입덧을 시작해

황체호르몬이 구토를 일으키는 뇌의 중추신경을 자극해 입덧과 구토 증세가 나타나. 아침 공복일 때 가장 심하며, 식욕이 없어지고 속이 메스꺼워. 냄새에도 민감해지고 신경도 날카로워져. 평소 싫어하던 음식을 찾는 등 입맛이 변하기도 해. Loy쌤은 엄마가 해주시던 음식이 생각나서 자주 엄마에게 갔었어. 이때 잘 먹어서 아기들을 모두 건강하게 출산한 거 같아.

이러한 증상은 임신 5주 정도에 시작돼. 3개월 정도 지나면 대부분 사라지는데 임신 기간 내내 입덧하는 사람도 있어. Loy쌤은 3~4개월 정도 구토하고 임신 기간 내내 머리가 깨질 듯한 두통으로 너무 힘들었어. 그런데 사랑스러운 아기에게 혹시나 나쁜 영향 미칠까 봐 마음을 기쁘게 하려 노력하면서 약도 못 먹고 참으면서 아기에게 매일 손편지를 쓰고 노래도 불러주며 함께 만날 날을 하루하루 설레며 기다렸단다.

4. 소변을 자주 봐

생식샘자극호르몬이 분비되면서 혈액이 골반 주위로 몰려 방광이 자극을 받고, 아기 때문에 커진 포궁이 방광을 압박해서 소변을 자주 보게 돼. Loy쌤도 임신했을 때 화장실을 무척 자주 갔던 기억이 있어.

점점 배가 불러오고 커지면서 복부에 튼살이 생기기도 해. 나중에 수영복을 입을 때 좀 흉해 보일 수도 있어. 그래서 배의 살이 트지 말라고 오일을 바르기도 해. 몸무게가 10～30kg 이상 늘어나. 체중이 너무 많이 늘어나면 임신중독 등으로 이어져 위험할 수도 있으니 식단에 유의하고 걷기 등 적당한 운동을 꾸준히 해야 해. Loy쌤은 매일 걷기 운동을 했는데도 20kg 정도 몸무게가 늘었던 것 같아.

성에 관해 제대로 알기 위해 '알리알리 알라성'으로

피임법을 공부하는 알리와 알라…

* 콘돔 없이는 섹스를 하지말자.

여자 피임법

질병관리본부가 중 1부터 고 3까지 6만 명의 청소년을 대상으로 조사해서 2018년 발표한 결과에 따르면, 10대 청소년의 성관계 경험률이 계속 증가해서 2017년 현재 5.7%로 20명 중 1명 이상이 성관계를 했고, 성 경험을 한 청소년 10명 중 4명은 피임을 하지 않는 것으로 나타났어. 한순간의 실수로 임신하게 되면 감당해야 할 고통이 너무 크기 때문에 10대 청소년의 피임은 특히 중요해. 그래서 성에 관한 올바른 정보를 알려줘서 어떤 결과가 이어지는지 충분히 인지하고 올바르게 판단해서 행동할 수 있도록 제대로 알려주는 성교육이 매우 중요한 것 같아. 그럼 여자의 피임법을 알아보자.

1. 월경주기법

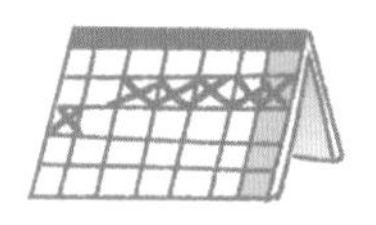

월경주기를 계산해서 임신 가능성이 가장 높은 배란일(첫 월경 후 14일 전후)에 성관계를 피하는 방법으로, 월경주기가 정확한 경우 어느 정도 효과를 기대할 수 있지만 월경주기가 정확하지 않다면 신뢰할 수 없어. 게다가 월경주

기는 여러 가지 상황으로 변하기 쉽기 때문에 이 방법만으로는 안심할 수 없어.

2. 질 세척법

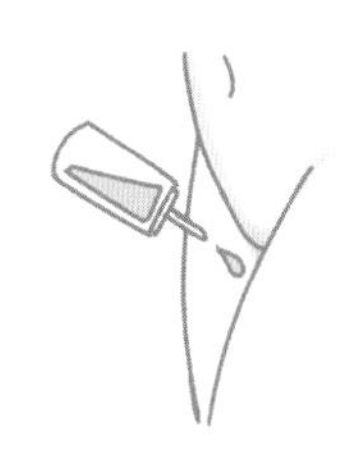

산성을 띤 살정제 효과를 이용해 물 또는 식초산으로 질을 씻어내는 방법이야. 피임률이 매우 낮으며 질내 면역층인 박테리아층에 변화를 일으켜 감염 위험이 크기 때문에 안전한 방법은 아니야.

3. 경구용 피임약

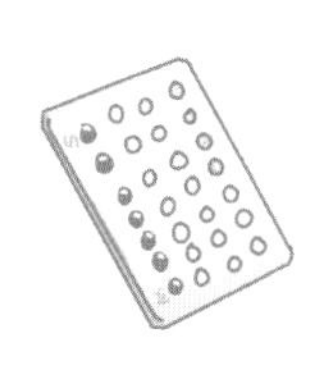

배란을 억제하기 위해 지속적으로 호르몬제를 복용하는 방법이야. 먹는 피임약은 두 가지 호르몬(에스트로겐과 프로게스테론)을 함유하고 있어서 여성의 배란 및 월경을 조절하는 작용을 해. 피임약은 설명서에 맞춰 먹는 것이 중요해. 시험이나 여행 때문에 월경을 늦추기 위해 먹기도 하는데, 가능한 한 먹지 않는 게 좋아. 왜냐하면 부작용으로 메스꺼움이 생길 수도 있고, 호르몬 상태가 임신했을 때와 비슷해져 몸이 붓거나 유방이 팽팽해지고 여드름이 나거나 우울감에 빠지는 경우도 있거든. 피임약을 먹다가 끊은 뒤 일시적으로 배란 및 월경이 돌아오지 않는 경우도 있어. 그러나 90% 정도는 3개월 이내 배란이 시작돼. 혹시 3개월이 지나도 무배란, 무월경 상태가 계속되면 병원에서 배란약을 처방받아야 해. 피임약은 비교적 안전하고 사용이 간편하다는 장점이 있어. 하지만 고혈압, 당뇨, 간염, 정맥혈전증을 가지고 있다면 피임약을 복용하는 것을 피해야 해.

4. 페미돔(여성용 콘돔)

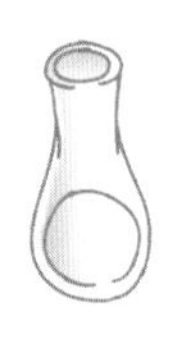

플라스틱 링이 달린 제품으로 여성의 질 안에 씌우는 여성용 피임기구야. 남성용 콘돔에 비해 비싸고, 질 링을 여성의 질 안에 설치해야 하는 번거로움이 있어. 피임률은 99% 정도야.

5. 피임용 질 링

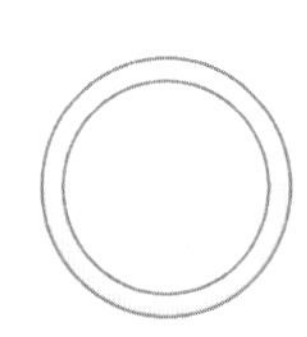

피임 패치로 경구용 피임약과 같은 원리로 작용해. 배란을 억제하기 위해 지속적으로 호르몬을 방출하는 링을 3주간 질 속에 삽입하는 거야.

6. 살정제(좌약식)

성교 전에 약을 질에 깊숙이 넣어. 녹은 약에서 올라오는 크림이나 거품이 정자의 통과를 막거나 죽이는 역할을 해. 지속 시간이 30분 정도이기 때문에 꼭 성교 직전에 넣어야 효과를 볼 수 있는데 피임률은 높지 않아.

7. 루프(IVD)

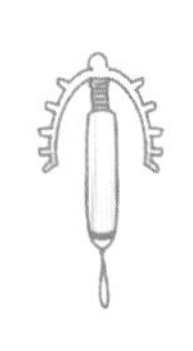

작은 기구를 여성의 포궁 안에 넣어서 수정란이 착상되는 것을 막는 피임법이야. 포궁 안에 설치해야 하는 부담 때문에 아기를 낳은 경험이 있는 여성들이 주로 사용해. 루프는 보통 월경이 끝난 직후에 산부인과에서 시술 받아. 부작용으로 복통과 출혈이 있을 수 있고, 월경 양이 많아질 수도 있는데, 실제로 15% 정도는 과도한 월경 양 때문에 루프를

제거하기도 해. 염증이 생길 수도 있는데 골반염 등 염증이 의심되면 루프를 제거하고 치료를 받아야 해.

8. 페서리

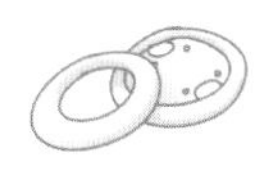

표면에 살정제를 바르고 포궁 경부를 덮어 정자의 진입을 막는 여성용 피임기구야. 피임률은 83~97%로 높은 편이야. 성관계 전에 착용해야 하는데 포궁 경부 치수에 맞는 제품을 구매해야 하기 때문에 의사의 상담을 받아야 해.

9. 피임 스펀지

살정제를 머금은 일회용 스펀지로 포궁 경부에 덮어씌우는 거야. 둥근 베개 모양의 스펀지를 물에 적셔 사용하는데 최대 24시간 전에 착용해야 하며, 30시간 이상 삽입하고 있으면 안 된다는 단점이 있어.

10. 미레나

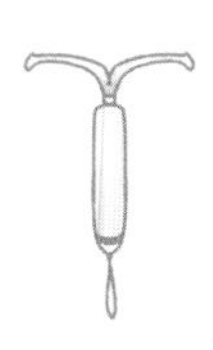

포궁에 넣는 피임장치로 피임률이 높아. 기존 포궁 내 장치(루프)와 비슷한 모양인데, 매일 일정량의 황체호르몬을 포궁 내벽에 직접 분비시켜. 황체호르몬은 포궁 경부 점액을 끈끈하게 만들어 정자가 접근하는 것을 방해하지. 피임 효과는 5년 정도 돼.

11. 임플라논

작은 성냥개비 모양의 임플란트로 피부 바로 밑에 이식하는 이식형 피임제야. 피임 효과가 장기간(3년 정도) 유지되고, 제거하면 바로 임신할 수 있어. 임플라논 임플란트는 황체 호르몬을 함유하고 있는데, 여기에서 매일 극소량의 황체호르몬이 배출된대. 피임률은 99% 정도야.

12. 난관절제술(나팔관 수술)

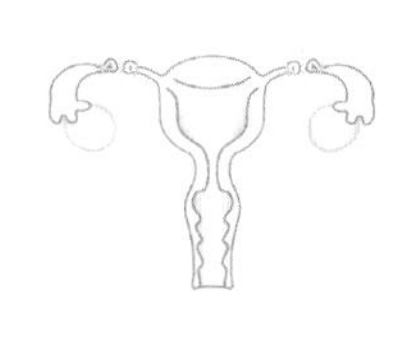

난자가 포궁으로 향하는 길인 난관을 묶거나 끊는 방식이야. 영구수술이라 되돌리기 어렵기 때문에 신중하게 결정해야 돼. 포궁 외 임신이 발생할 수 있으니 임신 초기 증상이 느껴지면 즉시 수술을 받아야 해.

13. 응급피임약(사후피임약)

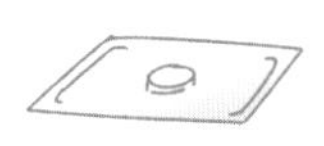

정자와 결합해서 수정된 난자가 포궁에 착상해서 태아가 되는 것을 막는 약이야. 성관계 후 72시간 이내에 복용해야 효과가 있으며, 일단 배아가 포궁에 착상한 뒤에는 효과가 전혀 없어. 응급피임약(Emergency Contraception)은 말 그대로 미처 피임 수단을 준비하지 못한 채 성관계를 갖거나 성폭행 피해자, 혹은 다른 피임법이 실패했을 때 피임을 위해 먹는 약이야. 응급피임약은 경구용 피임약을 15개 먹는 거랑 같다고 할 만큼 약효가 강해서 여자의 포궁에 정말 너무나 좋지 않아. 어쩔 수 없는 상황을 제외하고는 응급피임약을 먹는 상황은 안 만들면

좋겠어. 응급피임약은 전문의약품이야. 일반의약품은 약국에서 그냥 살 수 있지만, 전문의약품은 반드시 의사의 처방전이 있어야만 구입할 수 있어. 최근에는 120시간 이내 복용 가능한 약도 나왔다고 하는데, 어찌 됐든 간에 응급피임약을 먹어야 할 거라면 성관계 후 최대한 빨리 먹는 것이 좋아. 효과가 100%는 아니니 2~4주에 임신테스트기로 테스트하는 것은 필수야.

여자의 피임법은 종류가 참 많지? 그런데 청소년들이 하기엔 부담이 되고 종류에 따라 몸에 좋지 않은 경우가 많아서 걱정이 되는 건 사실이야.

그래서 '노콘노섹'으로 콘돔을 꼭 착용해야 한다고 강조하는데, 가끔 실패할 확률이 있으니 남녀가 모두 각각 피임하는 올바른 습관을 갖는 게 중요해.

남자 피임법

남자의 피임법을 알아보자.

1. 질외 사정법

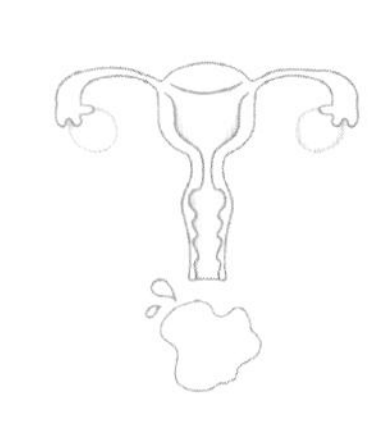

사정 직전에 성기를 빼내 사정하는 방법이야. 성교 도중에 쿠퍼액에 포함된 정자로 인해 임신될 가능성이 있어서 효과는 낮은 편이야. 단독 피임법으로는 피임률이 떨어지기 때문에 다른 피임법과 꼭 병행해야 안전해.

2. 콘돔

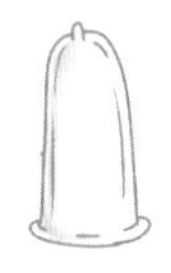

가장 대중적이고 손쉽게 이용할 수 있는 피임 기구야. 고무 재질 제품으로, 반드시 삽입 전에 착용해야 해. 착용법이 어렵지는 않지만 제대로 착용하지 못하면 피임률이 급격히 떨어지므로 올바른 착용 방법을 아는 것이 중요해. 유통기한이 지났거나 사이즈가 맞지

않으면 파손되거나 찢어져서 피임에 실패할 수 있어. 재사용은 절대로 안 돼. 콘돔은 피임 도구일 뿐 아니라 성매개감염병의 전파를 막는 수단이기도 해. 청소년들도 편의점에서도 일반 콘돔은 구입할 수 있어. 지하철역 등에도 콘돔 자판기가 있으니 미리 꼭 준비하면 좋겠어.

3. 정관수술

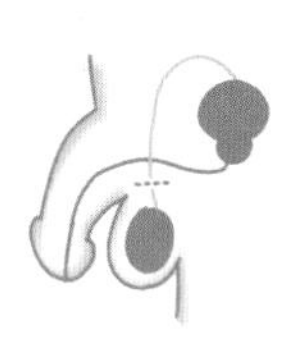

수정관을 절단해서 정액에 정자가 들어가지 못하도록 하는 피임수술로, 수술 자국이 남지 않고 간단하며 수술 후 부작용도 없어. 영구수술이지만 복원도 가능해.

4장. 내 몸과 마음의 주인은 나

호기심 많은 알라가 N번방에 빠져들 위기에 처하자

알리는 관련 법을 찾고, 어른들의 도움을 청해 알라를 구해준다.

디지털 성범죄

디지털 성범죄란 "스마트폰, 카메라, 태블릿, PC 등 통신이 가능한 디지털 매체를 이용해 상대방의 동의 없이 사이버 공간에서 저지르는 성범죄(신체 촬영·허위 영상물 제작 등을 저장, 유포, 유포협박, 전시, 판매)" 모두를 말해. 요즘엔 평범한 사람들도 아주 쉽게 당하거나 이 같은 범죄에 휘말릴 수 있으니 정말 조심해야 해! 청소년을 대상으로 오픈 채팅방 등을 통해 적극적으로 친밀감을 보이며 접근하는 경우도 있어. 조심, 또 조심해야 해.

디지털 성범죄의 유형에는 불법 촬영, 미동의 유포, 유포 협박 합성물 제작, 온라인 그루밍, 온라인 언어 성폭력, 성적 이미지 전송 등이 있어. 이처럼 정보통신(IT) 기술과 결합된 디지털 성범죄는 간접적으로 이루어지는 게 특징이야. 익명성이 보장되는 온라인 환경에서는 성범죄 가해자를 찾아내는 게 쉽지 않고, 피해물이 온라인을 통해 빠르게 확산되기 때문에 성범죄의 피해 범위가 훨씬 광범위해졌어. 몇 가지 사례를 들어볼게.

* 'M(Mother)번 방을 부탁해'는 아빠는 물론이고, 성에 대한 이야기를 불편해하는 엄마가 더욱 용기내어 자녀의 성교육에 참여해야 한다는 의미야.

1. 디지털 성범죄자들은 주로 SNS를 통해 고액 아르바이트를 소개해주겠다며 접근해. 사진을 받고 알바 면접 합격 여부를 알려주겠다고 하거나, 어른들과 채팅하면 돈을 더 주겠다는 말로 시작하는 경우가 많아. 예를 들면, 손을 보여달라는 말로 시작해서 점점 몸의 은밀한 부위를 보여주면 돈을 더 주겠다고 하는 식이지. 비공개로 이루어지고 단계에 따라 몇 배나 되는 돈을 주겠다고 하니 자칫 넘어가기 쉬워.

   급여를 주기 위해 주민번호 등이 필요하다고 해서 개인정보를 빼내고 어디에 사는 누구인지 알아낸 다음 말을 듣지 않으면 촬영한 영상을 유포하겠다고 협박하는 경우도 있어. 성 착취를 하면서 이것을 놀이라고 주장하고 죄책감도 없이 피해 여성을 훈육한다며 성희롱과 성폭력을 아무렇지도 않게 저지르기도 하지. 모두 아주아주 나쁜 범죄 행위야. 절대로 피해자가 되지 않도록 조심하고, 혹시 의심되는 경우가 있다면 꼭 신고해야 해. (1366, 1388, 112에 신고하면 돼.)

2. 대부분의 성범죄가 디지털 그루밍을 통해 발생해. 우선 호감을 보이며 접근하기 쉬운 청소년(가출, 방임 청소년) 등을 골라.* 그다음 필요한 것이 무엇인지 알아내고 도와줘서 신뢰를 얻은 후 선물을 주거나 놀이공원에 가는 등 여러분이 좋아하고 원하는 것을 해줘. 이렇게 점점 자신을 믿게 만든 다음 보호자와 떨어지게 하면서 가해자에게 더욱 의존하게 만든 뒤 자연스럽게 신체 접촉 등 성적 관계를 요구하기 시작해. 이후 주변에 그 사실을 알리겠다며 협박하고 회유해서 성적인

* 가출한 친구가 있다면 '청소년쉼터'로 찾아가서 안전하게 보호받으라고 꼭 이야기해줘. 집 밖에는 많은 위험이 도사리고 있거든. 빵이라도 사 먹으려면 돈을 벌어야 하기 때문에 쉽게 돈 벌 수 있는 디지털 성범죄에 빠져들 가능성이 높아.

관계를 계속 유지해. 가해자가 또래 청소년인 경우도 많으니 조심해야 해. 처음부터 오직 성관계만을 목적으로 계획적으로 접근하는 거니까.

3. 톡이나 SNS로 친구하자는 제안이 들어와. 아이돌 같은 외모의 멋진 사진을 톡에 올린 뒤 마치 자기 사진인 것처럼 대화를 청하지. 너무 멋있어서 떨리는 마음에 답하면 몇 주간 대화하면서 관계를 돈독히 한 후 밖에서 만나자고 해. 그런데 만나보면 완전 아저씨가 나오지. 놀라고 실망해서 집에 가려고 하면 지금까지 정도 들었는데 미안하니까 밥을 사줄 테니 먹고 가라고 설득해. 멀리 외출한 것도 아깝고 해서 밥만 먹고 가자는 생각에 따라갔다가 몰래 약을 탄 술이나 물을 마시고 정신을 잃으면 성폭력을 하고, 그것을 영상으로 남겨 계속 만나주지 않으면 유포하겠다고 협박하거나 돈 받고 팔아서 결국 세상에 공개되는 경우가 많아.

   모르는 사람하고는 절대로 연락하지 않는 게 좋아. 사실 정말 예쁘고 잘생긴 애들은 인기가 많아서 가만히 있어도 주변에 사람들이 몰려들기 때문에 전혀 모르는 사람에게까지 연락할 시간이 없을 거라는 사실을 명심해야 해.

4. 연애하듯 접근해. 관심 있다, 예쁘다, 반했다, 좋아한다, 사귀자, 친구하자며 자주 연락하고 만나면 맛있는 것도 사주는 등 사랑하는 연인 사이처럼 느끼게 하지. 그러다 집 밖으로 나오게 해서 추억을 남기자고 설득해서 성관계를 가진 후 영상과 사진을 찍는 등 디지털 성범죄로 이어지는 거야. 참 무섭지?

5. 문자나 카톡으로 오는 보이스피싱 해킹을 조심해야 해. "○○아, 니 폰 사진이랑 정보 다 털렸어! 이거 링크 좀 봐봐!" 같은 메시지를 접하게 되면, 나를 알고 있는 친구가 보냈나 싶어 궁금해서 링크를 클릭할 수 있는데 그럼 절대 안돼! 클릭하는 순간 개인정보가 모두 해킹될 뿐 아니라 그로 인해 이후로도 계속 이용당할 수 있어.

그럼 이런 나쁜 사람을 어떻게 구별할 수 있을까? 부모님이나 믿을 수 있는 어른께 물어보거나 소개해보면 어떨까? 성관계만 하려는 등 범죄 목적이 있다면 당연히 어른들과의 만남을 꺼리겠지?

디지털 성범죄 관련 법률과 그에 대한 처벌 규정은 '성폭력 범죄의 처벌 등에 관한 특례법'(약칭 : 성폭력처벌법), '아동·청소년의 성 보호에 관한 법률', '정보통신망 이용 촉진 및 정보 보호 등에 관한 법률'(약칭 : 정보통신망법) 등이 있어.

디지털 성범죄는 각종 미디어와 SNS, 사이버 공간에서 일어나는 성적 괴롭힘을 말하는데, 직접 찍지 않고 친구가 공유해주는 것을 보기만 해도 디지털 성범죄에 가담하는 거야. 촬영해서도 안 되고, 그런 영상을 봐서도 안 돼. 만약 카메라 같은 불법 촬영기기나 불법 촬영을 하는 사람을 발견했다면 부모님, 선생님, 기관 등 주위에 알려야 해. 발견 장소, 불법 촬영기기의 색깔이나 모양, 촬영자의 인상착의 등을 알려준다면 범인을 잡는 데 큰 도움이 되겠지. 내가 재미있다고 다른 사람의 안전을 침해하고 위협하는 행동은 절대 용납되지 않아. 몰랐다거나 의도하지 않았다고 해서 범죄가 용서되는 것은 아니야. 당연히 법적 처벌을 받게 된다는 것을 꼭 기억하렴.

디지털 성범죄 예방법 7가지

1. 나와 타인의 개인정보를 올리거나 전송하지 않는다.
2. 잘 모르는 사람이 보낸 링크나 파일을 클릭하지 않는다.
3. 타인의 동의 없이 사진, 영상을 찍지도, 보내지도, 보지도 않는다.
4. 타인의 사진, 영상에 성적 이미지를 합성하지 않는다.
5. 타인의 사진, 영상을 퍼뜨리겠다고 위협하지 않는다.
6. 잘 모르는 사람이 개인정보를 묻거나 만남을 요구하면 어른에게 알린다.
7. 불법 촬영, 유포, 협박을 받고 있다면 반드시 도움을 요청한다.

성폭력

일반적으로 성폭력 범죄는 사회 질서를 어지럽히고 개인의 성적 자기 결정권을 침해하는 행위를 말해. 성폭력은 성을 매개로 힘의 차이를 이용해 상대방의 동의 없이 상대방의 성적 자기 결정권을 침해하는 모든 행위를 의미해.

성폭행은 강요된 성교, 강간, 손가락 삽입, 구강성교, 성기 만지기 등을 모두 포함해.

성희롱은 성과 관련된 말과 행동으로 상대방에게 불쾌감이나 굴욕감을 주거나 상대에게 불이익을 주는 등 피해를 입히는 행위야.

성추행은 성욕의 자극, 흥분을 목적으로 성적 수치심, 혐오의 감정을 느끼게 하는 모든 행위(키스를 하거나 상대의 성기를 만지는 행위 등)로, 강제추행은 이러한 행위를 폭행 또는 협박 등 강제적 수단을 동원해서 하는 경우를 말해.

우리가 흔히 하는 장난이나 대화 중에도 성폭력이 될 수 있는 말들이 많아. 예를 들어, 연애 진도에 대한 농담이나 음란한 그림, 다른 사람의 몸을 훑어보는 행위 같은 것은 모두 성폭력이 될 수 있어. 그 밖에 옷을 들추거나 벗기는 장난, 화장실에서 몰래 훔쳐보는 행위, 게임 벌칙으로 과도한 스킨십을 요구하는 것들도 장난으로 치부할 수 없는 성폭력이야.

그러니까 어떤 행동이나 말을 할 때는 상대방이 어떻게 생각할지, 기분 나쁘진 않을지 늘 상대방의 입장에서 생각하고, 성적인 접촉을 시도할 때는 동의를 받지 않은 직접적인 스킨십을 하지 않도록 주의해야 해.

성폭력 피해가 발생하면 믿을 수 있는 사람에게 피해 사실을 알려서 도움을 구해야 해. 물론 누군가에게 피해 사실을 말하는 것은 아주 어려운 일이야. 하지만 용기를 가지고 꼭 해결해야 하며 우리 모두 방관자가 되지 않도록 적극적인 자세를 가져야 해.

'성폭력 범죄의 처벌 등에 관한 특례법'이 제정되고, 특히 청소년에 대한 성폭력 범죄 행위를 강력하게 처벌하고 성폭력 범죄 피해 청소년을 보호하는 장치를 마련하고자 '아동·청소년의 성 보호에 관한 법률'도 만들어졌어.(부록 참고)

성폭행에 대처하는 4단계 매뉴얼

1, 자신의 피해 사실을 인지하는 즉시 빨리 신고한다.

여성긴급전화(24H) 1366, 청소년상담 1388

성폭력상담소 (02-338-5801), 한국여성민우회 (02-335-1858)

해바라기아동센터, One stop 지원센터, 경찰(112), 성폭력피해상담소

성폭력매매상담소, 청소년성문화센터, 청소년상담복지센터,

디지털성범죄피해자지원센터(02-735-8994)

2, 물도 마시지 말고 절대 씻지 말고 그대로 즉시 병원에 가서 24시간 이내 검사를 받는다.

3, 수사할 때까지 모든 증거를 잘 보관한다.

4, 기억나는 부분은 꼭 기록을 남겨둔다.

성에 대해 열심히 공부한 알리가

친구들이 많이 접하는 음란물이 왜 안 좋은지 상담해준다.

제대로 성을 공부해보니
야동이나 음란물은
우리에게 너무 안 좋더라.
맞아, 알지도 못하고
많이 보게 되잖아.

그런데 어른들은 왜
이렇게 나쁜 걸 만들어
유포하는 걸까?
호기심을
자극해서 돈을 벌려고 하는 거지.
현실과 전혀 다른데 말이야.

자꾸 생각나서
괴로울 때가 있고
상상하게 돼.

난 애들이 야동 보고
무작정 따라 하는 거
너무 아닌 거 같아.
얼마나 위험한지
말해줘야겠어.
그러게 말이야.
더 빠져들기 전에 우리가 친구들을 구해주자.

음란물,
정말 나쁜 건가요?

불법 성 착취물은 몰래 보거나 가지고만 있어도 처벌을 받게 되어 있어!(3년 이하 징역 또는 3000만 원 이하의 벌금) 어른들이 돈을 벌기 위해 상업적으로 만든 자극적인 음란물을 보고 그렇게 행동하는 것이 맞는 줄 알고 무턱대고 따라 했다가는 임신하거나 성매개감염병에 걸릴 수도 있고, 성폭력을 당하거나 고소를 당할 수도 있어.

여러분의 부모님은 결코 음란물에서 나오는 것처럼 성관계를 하지 않아. 대부분의 사람이 진정한 사랑을 하며 사랑의 표현으로 성관계를 갖고 사랑의 결실로 여러분 같은 자녀를 낳아 키우지. 성적인 묘사를 내세우는 소설이나 영화 등은 많이 팔아서 돈을 벌기 위해 만들어진 거야. 그렇기 때문에 성을 자극적으로 묘사하는 경향이 있어. 이런 장면을 예상하고 기대하는 독자나 시청자의 입맛에 맞추기 위해 더 자극적으로 만들기도 하지.

성인물은 대부분 남성 위주로 만들어지기 때문에 성행위가 남성의 쾌락을 위한 수단으로 묘사돼. 성인물 비디오는 남성을 성적으로 흥분시키기 위해 만들어지기 때문에 사람들 사이의 애정이나 친밀감은 다루지 않

아. 이런 영상 속의 여성은 인간으로서가 아니라 오로지 성관계 도구로서 존재할 뿐이야.

성관계는 남에게 보여주기 위한 게 아니야. 서로 사랑하는 두 사람이 만들어가는 진정한 사랑의 표현 방법이야. 우리는 한 사람 한 사람 체격도 다르고 체력도 다르고 취향도 달라. 성관계를 갖기 전에는 서로 많이 대화해서 신체의 구조나 성에 대한 지식, 감염증이나 임신의 위험을 방지하기 위한 올바른 성 관련 지식을 알아두어야 해. 성관계를 가지면서 불쾌해지지 않는 마법의 열쇠, 그것은 바로 '진정한 사랑'임을 꼭 기억해두렴.

음란물 중독 4단계

빅터 클라인 · 미국 심리학자

1단계 호기심 단계. 스마트폰 등을 이용해 반복적으로 시청한다.

2단계 자극 탐색 단계. 계속된 시청으로 내성이 생겨 더욱 자극적인 것을 찾는다.

3단계 무감각 단계. 음란물 속 역겨웠던 내용이 일반적인 성적 행동으로 생각된다.

4단계 모방 시도 단계. 실제로 경험해보고 싶은 욕구가 커진다. 성폭력으로 이어지기 쉽다.

음란물 중독자의 성범죄율은 일반인보다 5배 이상 높아. 음란물 중독은 남녀 관계를 근본적으로 왜곡되게 생각하게 만들며, 성범죄뿐만 아니라 여성의 성 학대를 부추기는 사회 분위기를 만들어. 정말 심각하지.

Tip

센터폴드 신드롬

음란물을 연구하는 학자들은 음란물을 많이 보면 많은 심리적 문제가 생긴다고 말해. 그 대표적인 것이 '센터폴드 신드롬'이야. 음란물을 많이 보는 남자가 여자를 사람이 아니라 물건으로 보고, 한 여자와 건강하고 지속적이며 인격적인 관계를 맺지 못하는 현상을 말해.

데이트 폭력

남자가 데이트하면서 여자에게 폭력을 행사해도 달래주고 사과하고 칭찬해주면 여자는 좋아한다? 이건 옳지 않아. 남자의 일방적이고 폭력적 성 행동 또한 폭력이야. 여자가 거부 의사를 밝혔는데 남자가 끝까지 밀어붙인다면 이것도 폭력이고. 그런데 TV나 드라마, 영화에서 잘생긴 남자 주인공이 상대의 허락 없이 갑자기 벽에 여자를 밀어붙이고 키스를 마음대로 한다든지, 터프하고 폭력적인 행위를 남자답고 멋있다고 하거나 낭만적인 모습으로 묘사하기 때문에 시청자들은 이것을 사랑으로 받아들이는 경우가 많아. TV나 드라마, 영화 속에서 이런 남자 주인공들과 여자는 결국 사랑에 빠지고 행복한 결말을 맞게 되지. 이렇게 폭력적인 성 행동을 남자답고 멋있다고 받아들이다 보면 나도 한번 그런 연애를 해봤으면 좋겠다고 생각하게 돼. 자신이 데이트하면서 폭력을 당하고 있다는 사실도 모른 채 사랑과 폭력을 혼동하면서 말이야.

폭력과 사랑을 명확하게 구분할 수 있는 눈을 가져야 해. 상대방을 진정 사랑한다면 아껴주고 보호해줘야지. 상대가 아무리 멋있더라도 신체적, 정신적으로 폭력을 당하면서까지 만나서는 안 돼. 더욱 위험한 상황으로 갈 수 있기 때문이야.

잘못된 성 의식은 No! 올바른 눈을 갖자!

음란물을 통해 잘못된 성 의식을 부추기고, TV나 드라마, 영화, 웹툰 등에서 데이트 폭력을 아름답게 포장하고, 가요에서는 여성을 물건이나 남자의 성적 도구(성적 대상화)로만 취급하는 가사를 아무렇지도 않게 써. 우리는 자연스럽게 멋지다는 환상을 가지고 이런 영상을 보고 가요를 따라 부르지. 유행하는 가요의 가사를 한번 잘 봐봐. 많은 가요에서 여자를 어떻게 표현하는지, 아름다운 성을 어떻게 표현하는지 말이야. 잘못된 현상이 점점 심각해지고 있어. 이러한 사회 속에서 잘못된 성 의식을 자연스럽게 배우게 된다는 현실이 너무나 안타까워.

여러분은 이 책을 통해 올바른 성 의식을 가진 멋진 청소년이 되었으면 해. 드라마, 영화, 웹툰, 유튜브 등을 보다가 잘못된 장면을 보게 되면 '이건 아니지!' '잘못됐네!'라고 말할 수 있도록 성에 대한 올바른 눈을 가지도록 노력해보면 어떨까?

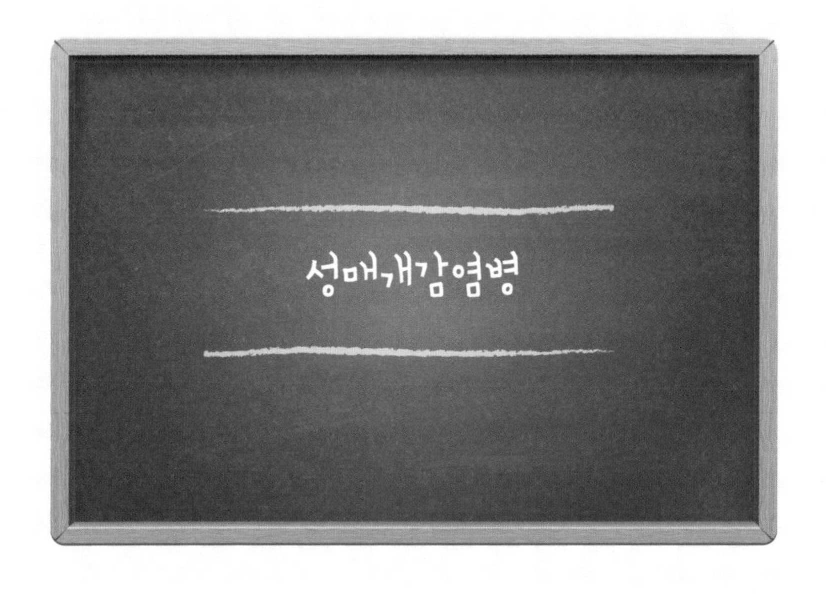

알리와 알라가 제대로 된 성매개감염병에 대한 정보를

친구들에게 이야기해준다.

성매개감염병에 걸리면 어떻게 돼요?

성매개감염병은 일차적으로 사람과 사람 사이의 성적 접촉을 통해 전파되는 질환을 말해. 성행위(혈액, 정액, 질 분비물)를 통해 전염되며 혈액(수혈, 주사기 재사용)이나 어머니로부터 감염(임신 또는 출산 시)되는 경우도 있어. 그래서 모유 수유를 금지해야 해야 하는 성매개감염병도 있단다.

1. 에이즈

HIV(인간면역결핍바이러스)에 감염되는 성매개감염병이야. 공기 접촉으로는 감염되지 않고 성관계로 감염되며, 열을 가하면 바이러스가 바로 죽어. 감염 초기에 독감 같은 증상이 나타나기도 하지만, 특별한 증상이 나타나지 않고 잠복기가 무려 수년에서 수십 년까지 계속되기도 해. 게다가 잠복기에도 면역력이 점차 감소해서 다른 세균과 바이러스가 체내에 쉽게 침투할 수 있는 환경을 만들지. 피로감과 설사, 발열, 급격한 체중 감소 등의 증상이 나타나. 예전에는 걸리면 죽는다고 해서 제일 무서워하는 성매개감염병이었으나 요즘은 치료제가 만들어져서 약을 제대로 복용하면 생명 유지에는 문제가 없는 질환이 되었어.

2. 헤르페스

평생 완치되지 않는 성매개감염병으로 유명해. 주로 귀두, 음경에 증상이 나타나고 때로는 허벅지와 항문 주위에 붉은색 병변이 생기기도 해. 한번 감염되면 균이 몸 안에 잠복한 상태가 되며, 면역력이 떨어지거나 피로, 스트레스 같은 요인이 있으면 언제든지 재발할 수 있어. 임시방편의 치료는 가능하지만 원인을 제거할 수는 없는 무서운 질환이야. 임산부의 경우, 아이에게 바로 전염되니 각별히 주의해야 돼. 임신했다면 자연분만보다는 제왕절개로 아이를 분만해야 해.

3. 매독

매독은 증상에 따라 1기, 2기, 3기로 나눌 수 있어. 1기의 증상은 성기, 입, 항문 등 성적 접촉이 있는 곳에 궤양이 생기는 거야. 2기는 매독균이 혈액을 타고 전신으로 퍼지는 경우인데, 이에 따른 증상으로 발열, 두통, 권태감 등이 나타나. 3기는 매독균이 장기까지 침투해 모든 장기를 손상시키는 경우인데, 이 정도에 이르면 치료가 매우 힘들어.

4. 임질

임균 감염에 의해 발생하며, 보균자와의 성관계에 의해 감염돼. 성기에서 분비물이 나오는데 황록색 농이 나온다면 임질일 가능성이 높아. 특히 초기에 치료하지 않으면 관절에 감염을 일으키기 때문에 무릎, 발목 등 관절이 붓고 아플 수 있어.

5. 클라미디아

성관계에 의한 직접 감염으로 발생하며, 7 ~ 14일 또는 그 이상의 잠복기가 있어서 바로 발견하기는 어려워. 증상은 임질과 비슷해. 묽고 물 같은 무색 농이 나온다면 이 질환을 의심해봐야 해.

6. 성기 칸디다증(남자 칸디다증)

귀두염 형태로 증상이 나타나. 가벼운 가려움, 염증, 귀두 수포, 빨갛거나 하얀 찌꺼기 등을 관찰할 수 있어.

7. 곤지름

사마귀 모양의 피부 병변을 동반하는 질환이야. 보통 2 ~ 6개월 정도 잠복기를 거쳐 생식기관이나 항문 주변에 발견돼. 시간이 경과할수록 병변이 커져 닭 볏과 비슷한 모양을 보이는데 병변이 커질수록 피부 손상 범위가 넓어지고 치료 과정이 복잡해지니 초기에 대처하는 것이 현명한 방법이야.

8. 트리코모나스증

여자의 경우는 분비물의 변화로 비교적 알기 쉽지만, 남자는 자각할 수 있는 증상이 거의 없어. 그래도 가벼운 배뇨통증, 요도 분비물로 증상을 확인할 수 있어.

9. 사면발이

감염자가 자신의 감염 부위를 손으로 긁고 나서 그 손으로 다른 부위를 만지면 전염될 확률이 매우 높아. 주로 음모에서 발견되지만, 그 외에도 몸이나 항문 주위의 털, 수염 등에서도 관찰돼. 잠복기는 2주에서 한 달 정도로 가려움증이 나타나고, 피부 진무름과 따가움을 유발해. 전염성이 강하니 증상이 나타나면 초기에 박멸하도록 노력해야 해.

성매개감염병이 의심되면 곧바로 병원에 꼭 가야 해!

Tip

만일 성매개감염병이 의심된다면?

누구와 병원에 가야 할까? 맞아! 성관계를 맺은 사람과 꼭 의논하고 함께 검사와 치료를 받아야 해. 서로에 대해 이 정도 솔직히 말할 수 있는 신뢰와 사랑이 없는 사이라면 성관계를 갖는 건 고민해봐야 되지 않을까. 즉흥적으로 관계하는 것이 아니라 문제가 생기면 같이 해결할 수 있는 믿고 준비된 사람과 성적 자기 결정권에 따라 성관계를 가져야 하는 거야.

성매개감염병은 누구나 걸릴 수 있어. 조기에 발견하고 치료 받으면 나을 수 있어. 위험한 성매개감염병을 예방하기 위해서 가장 좋은 방법은 '콘돔'을 사용하는 거야! 또한 '자궁경부암 예방접종'도 필요해.

자궁경부암 예방접종

전 세계적으로 여성이 많이 걸리는 대표적인 암으로, 자궁경부암은 질과 자궁이 만나는 자궁목 주위인 자궁경부에 생기는 암을 말해. 대부분 HPV(인유두종바이러스) 감염에 의해 발생하는데, 주로 성관계나 성 접촉을 통해 감염되는 흔한 바이러스야. 성관계 연령이 낮고 상대가 많을수록, 흡연을 하거나 본인 및 상대의 위생 상태, 가족력에 따라 자궁경부암에 걸릴 위험이 높아져. 증상은 질 출혈, 질 분비물 증가 및 악취, 손발 부종, 급격한 체중 감소, 심한 골반통과 요통, 배뇨 문제, 혈뇨, 성관계 통증 등이 있어.

성 경험 전에 자궁경부암 백신 접종을 완료하면 90% 이상의 예방 효과를 볼 수 있어. 미국 예방접종자문위원회(ACIP)에서는 모든 여성과 남성에게 HPV 예방 접종을 권장하고 있어. 우리나라에서도 만 12세 여자아이에게 자궁경부암 예방접종을 무료로 실시하고 있으니 꼭 확인하고 접종하자.

친구들에게 무리한 다이어트는 하지 말라고 상담해주는 알라.

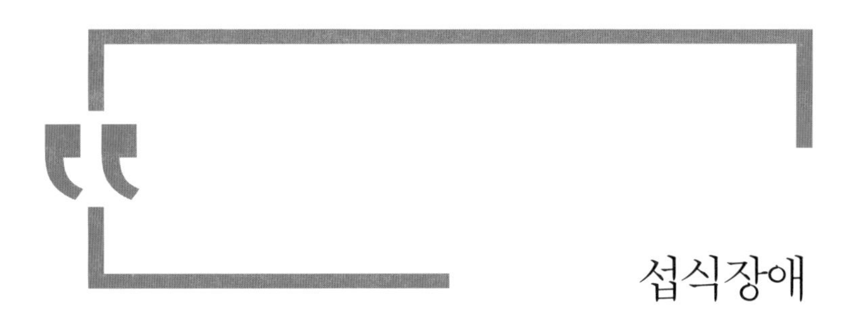

섭식장애

섭식장애는 대표적으로 두 가지 질환, 거식증(신경성 식욕부진증)과 폭식증(신경성 대식증)으로 나눌 수 있어. 이 두 질환은 서로 긴밀하게 연결되어 있어. 섭식장애는 질환의 진단 기준에 따라 전문의의 진료 후 진단을 받게 돼.

거식증은 음식을 거부하기 때문에 체중이 급격히 줄어드는데, 살찌는 것에 극심한 걱정과 공포를 느끼고, 자신이 비만이 아닌데도 비만이라는 생각에 사로잡혀. 그래서 체중을 줄이기 위해 식사를 제한하거나 먹고 나서 인위적으로 토하는 행동을 반복하게 돼.

폭식증은 단순히 일시적인 과식이나 식탐을 말하는 게 아니라 음식에 대한 자제력을 잃고 비상식적으로 많은 양의 음식을 미친 듯이 먹어대는 것을 말해. 폭식한 후에는 의도적으로 구토하거나 설사하기도 해.

거식증과 폭식증 증상이 복합적으로 나타나는 경우도 있고, 질병의 증상 중 일부만 나타나는 경우도 있어.

섭식장애는 외모 지상주의 때문에 생기는 병이야. '여자는 예뻐야 한다. 날씬해야 한다. 여자는 외모가 가장 중요하다' 같은 여성에 대한 성별

고정관념은 우리 사회가 만들어낸 심각한 문제야. 2015년 섭식장애로 치료받은 1만 2000명의 환자 중 1만여 명이 여성 환자였다고 해. 심각하지?

아름다움의 기준은 시대마다 나라마다 다르고 계속 변해왔어. TV에 나오는 아이돌이나 배우의 외모가 예뻐 보인다고 해서 그 사람처럼 성형수술을 받거나 살을 빼기 위해 제대로 먹지 않는다면 한창 자랄 성장기에 영양이 부족해져 건강을 잃을 수도 있어. 청소년기는 키도 크고 몸무게도 늘면서 평생 함께할 나의 몸이 건강하게 완성되어가는 시기인데 제대로 자라지 않으면 어떻게 될까? 키와 몸이 거의 다 성장하고 나서 운동을 하며 건강하게 다이어트하면 어떨까?

한창 성장해야 할 중요한 시기에 영양소를 제대로 공급해주지 않으면 키 성장은 물론이고 뼈 성장도 방해되고 점점 면역력도 떨어지게 돼. 결국 여러 가지 병을 얻게 되고, 수명에도 지장이 생기지. 무리한 다이어트로 건강이 악화되는 것은 물론 우울증이 생길 수도 있어. 다른 사람과 비교하면서 스스로 못생겼다 뚱뚱하다고 자기비하만 하며 계속 우울하게 사는 건 너무 슬픈 일인 거 같아. 그 시간에 자신이 가지고 있는 능력을 더 키워서 자신만의 매력을 발휘하며 자신감 있게 살아가면 어떨까? 외모뿐만 아니라 성격, 박학다식한 지식, 운동 능력, 유머 감각, 건강 등 자신의 매력을 발산할 수 있는 방법은 많다고 생각해.

1. 신경성 식욕 부진 등의 진단 기준(미국 정신과학협회)

- 연령이나 키에 따른 최소한의 정상 체중을 유지하기를 거부한다.(정상 체중의 85% 이하)
- 표준 체중 이하인데도 불구하고 체중 증가나 비만에 지나친 두려움을 느낀다.

- 자신의 체중, 신체 크기, 외모에 대해 부정적으로 왜곡된 생각을 한다.
- 초경 후 여성인 경우, 적어도 3회 이상 연속적으로 월경이 없다.

2. 신경성 폭식증의 진단 기준

- 한번에 많은 양의 음식을 빨리 섭취하는 폭식 행위를 반복하고 통제하지 못한다.
- 체중 증가를 막기 위해 스스로 구토를 유도하거나, 완화제나 이뇨제 혹은 다른 약물을 사용하거나, 굶거나 지나치게 운동을 하는 등 부적절한 행동을 한다.
- 최소한 3개월 동안 1주에 평균 두 번 폭식하는 등 부적절한 보상 행동을 한다.
- 자신의 몸과 체중에 지나치게 관심이 많다.
- 신경성 식욕 부진이 나타나는 동안에는 폭식증이 발생하지 않는다.

섭식장애로 영양 상태에 문제가 있거나 합병증이 심한 경우, 그리고 심각한 정신장애가 동반된 경우에는 입원 치료가 필요해. 천천히 체중을 증가시키기 위해 영양 공급을 하고, 일정한 일과 활동을 확실히 정해주고, 매일 같은 시간에 식사하도록 해서 문제를 개선시킬 수 있는 환경을 조성해야 해. 행동수정 프로그램을 통해 식사 후 구토하는지 여부를 확인하기 위해 적어도 두 시간 동안 환자를 관찰하고, 욕실을 사용하는지

도 관찰해. 식사를 포함한 인지치료를 병행하고, 자조 모임 등 사회적 활동을 활발히 하도록 격려해주기도 해. 필요한 경우 항우울제나 항불안약물 등을 투여하기도 해.

5장. 꼭 기억해!

사랑에는 동의와 존중이 꼭 필요하다는 것을 배워 나가며

알라는 결국 알리의 마음에 감동하고 진정한 사랑을 깨닫게 되는데…

성적 자기 결정권

성행위에 동의한다는 것은 두 사람이 모두 특정한 성 행동에 적극적으로 참여하는 것을 말해. 말로 동의를 표현하면 성 행동을 해도 된다는 뜻이 될 수도 있지만 어떠한 성 행동에 동의했다고 해서 또 다른 성 행동을 해도 좋다는 뜻은 아니야. 누구나 성적 행동을 할지 안 할지 결정했다가 언제든지 마음을 바꿀 수 있어. 따라서 여러분이 다른 사람과 성적인 행동을 했더라도 상대방이 마음을 바꾸었다면 반드시 성적인 행동을 멈추고 상대방의 의사를 존중해줘야 해.

상대방이 아무 말도 안 했다고 해서 상대방도 원하거나 동의한다는 뜻은 아니야. 게다가 약물을 복용했거나 술에 취했다면 법적으로도 그 사람이 동의 의사를 표시했다고 보기 어려워. 성적 행위를 원하지 않거나 동의를 표현할 수 없는 사람과 성적 행위를 하는 것, 그것이 바로 성폭력이야.

혹시 성폭력이나 성추행을 당했다면 절대 여러분의 잘못이 아니란 것을 기억해. 그리고 시간을 지체하지 말고 곧바로 믿을 수 있는 어른에게 꼭 이야기해야 돼. 무섭고 창피하고 힘들 테지만 마음을 차분히 하고 지혜롭게 대처하자(우리 책의 성폭력 부분을 꼭 다시 읽어보고).

누구든지 자신이 결정하고 스스로 행동한 것에 책임을 져야 해. 성도 마찬가지야. 아직 어른이 되지 않았으니 성과 관계된 행동은 여러분이 스스로 결정한 것에 책임질 수 있을 때까지 기다렸다가, 몸도 마음도 다 건강하게 자라고 난 후에 해도 늦지 않을 거 같아. 원치 않는 성 행동은 언제든 거절할 권리가 있다는 것을 분명히 알고, 상대가 거절하면 인정하고 존중해주는 것이 중요해.

모든 인간에게는 '성적 자기 결정권'이 있어. 성적 자기 결정권이란 소극적 의미로는 어떤 상황에서든 내가 원치 않는 성관계를 거절할 수 있는 권리를 말해. 적극적 의미로는 성적인 행동을 언제 어디서 누구와 어떻게 실천할 것인지 나 스스로 결정하고 선택하고 추구할 수 있는 권리를 말하지. 여러분이 앞으로 지혜롭고 현명하게 성적 자기 결정권을 행사하면서 멋진 어른이 되어가길 기도할게.

무엇보다 자기 자신이 가치 있고 소중하며 유능하고 긍정적인 존재라고 믿는 마음인 자아존중감을 높여야 해. 미래에 대한 기대와 희망으로 가득 차 있고, 마음만 먹으면 못 할 것이 없는 소중한 청소년기를 잘 보내야겠지? 여러분의 앞날을 응원할게. 자신의 몸과 마음을 가장 아껴주고 사랑해줘야 하는 사람은, 즉 내 몸의 주인은 나라는 거 잊지 마.

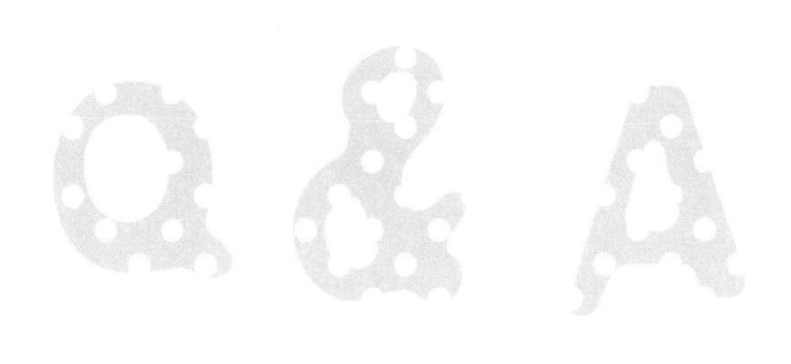

Q. 나의 첫 경험은 어떨까?

첫 경험을 내가 원하지도 않고, 사랑한다는 확신도 없는데 상대의 결정에 의해 얼떨결에 하게 되면 어떨 거 같아? 첫 경험은 일생에서 한 번뿐인 소중한 것이잖아. 죽을 때까지 결코 잊지 못할 행복한 날, 평생 기억에 남을 첫 번째 성관계를 누구와 하고 싶은지, 그날 나의 파트너와 어디서 어떻게 어떤 분위기에서 무엇을 준비할지, 진정 사랑하는 마음으로 상대와 어떤 대화를 할지 상상해봐. 너무 두근두근하고 설레지 않니? 첫 경험을 긍정적인 기억으로, 좋은 추억으로 평생 간직해야겠지? 네 몸을 귀하게 여기고 사랑하는 파트너와 소중하게 아껴왔던 진정한 사랑을 나눠야 해.

Q. 진정한 사랑이란 뭘까?

나보다 상대를 더 배려하고 더 생각해주고 자기에게

가장 소중한 것을 기꺼이 내줄 수 있는 관계라고 생각해. 사랑을 받기만 하는 것이 아니라 서로가 서로에게 소중한 것을 주고 싶어 하는 관계가 진정한 사랑이 아닐까? 이렇게 진정 사랑하는 관계라야 미래를 약속할 수 있고 생명에 대한 책임감이 생길 수 있어. 아름답고 진정한 사랑이란 순수한 마음과 영혼을 가진 정신적인 사랑에 더욱 집중하는 것이라고 생각해. 미래에 만날 진정한 사랑을 위해서 그날까지 네 몸을 사랑하고 귀하게 아껴주는 건 어떨까?

Tip

사랑의 삼각형 이론

로버트 스턴버그

진정한 의미의 사랑이란 친밀감, 열정, 헌신 세 가지 요소가 균형과 조화를 이룬 상태라고 해. 남녀간의 사랑에서 이 세 가지 요소 중 단 하나라도 결여되어 있다면 그러한 사랑은 진정한 사랑이 아니기 때문에 언제든 깨질 수 있어.
한 가지라도 결여되어 있는 사랑은 완벽한 사랑이 아니기 때문에 두 사람의 관계에서 여러 가지 형태의 문제가 발생할 수밖에 없단다. 친밀감, 열정, 헌신의 구체적 내용은 아래와 같아.

친밀감 두 사람이 심리적으로 가깝게 연결되어 있다고 직접적으로 느끼는 감정을 의미해.

열정 성적 매력이나 신체적 접촉과 관련된 요소를 의미

한단다. 사랑하는 남녀는 열정적으로 상대방을 원하고 아끼게 마련이지.

헌신　상대방을 위해 자신을 희생하고 봉사하겠다는 감정을 의미해.

이 책이 친구들에게 제대로 된 정보를 주고 올바른 성 의식을 형성하는 데 도움이 되었으면 해. 세상에 단 하나뿐인, 귀하게 태어난 소중한 존재인 특별하고도 특별한 여러분을 항상 응원할게.

우리의 알리와 알라. 이후 스토리는 어떻게 될까? 여러분이 한번 상상해보길…

부록

여러분을 보호해줄 수 있는 법이 궁금하다면 법제처에서 확인할 수 있어.

제13조(통신매체를 이용한 음란 행위)

자기 또는 다른 사람의 성적 욕망을 유발하거나 만족시킬 목적으로 전화, 우편, 컴퓨터, 그 밖의 통신매체를 통하여 성적 수치심이나 혐오감을 일으키는 말, 음향, 글, 그림, 영상 또는 물건을 상대방에게 도달하게 한 사람은 2년 이하의 징역 또는 2000만 원 이하의 벌금에 처한다.

개정 2020. 5. 19.

제14조(카메라 등을 이용한 촬영)

① 카메라나 그 밖에 이와 유사한 기능을 갖춘 기계장치를 이용하여 성적 욕망 또는 수치심을 유발할 수 있는 사람의 신체를 촬영 대상자의 의사에 반하여 촬영한 자는 7년 이하의 징역 또는 5000만 원 이하의 벌금에 처한다.

② 제1항에 따른 촬영물 또는 복제물(복제물의 복제물을 포함한다. 이하 이 조에서 같다)을 반포 · 판매 · 임대 · 제공 또는 공공연하게 전시 · 상영한 자 또는 제1항의 촬영이 촬영 당시에는 촬영 대상자의 의사에 반하지 아니한 경우(자신의 신체를 직접 촬영한 경우를 포함한다)에도 사후에 그 촬영물 또는 복제물을 촬영 대상자의 의사에 반하여 반포 등을 한 자는 7년 이하의 징역 또는 5000만 원 이하의 벌금에 처한다.

③ 영리를 목적으로 촬영 대상자의 의사에 반하여 「정보통신망 이용 촉진 및 정보 보호 등에 관한 법률」 제2조 제1항 제1호의 정보통신망(이하 "정보통신망"이라 한다)을 이용하여 제2항의 죄를 범한 자는 3년 이상의 유기징역에 처한다.

④ 제1항 또는 제2항의 촬영물 또는 복제물을 소지 · 구입 · 저장 또는 시청한 자는 3년 이하의 징역 또는 3000만 원 이하의 벌금에 처한다.

제14조의2 (허위 영상물 등의 반포 등)

① 반포 등을 할 목적으로 사람의 얼굴·신체 또는 음성을 대상으로 한 촬영물 · 영상물 또는 음성물 등을 대상자의 의사에 반하여 성적 욕망 또는 수치심을 유발할 수 있는 형태로 편집 · 합성 또는 가공한 자는 5년 이하의 징역 또는 5000만 원 이하의 벌금에 처한다.

② 제1항에 따른 편집물 · 합성물 · 가공물 또는 복제물을 반포 등을 한 자 또는 제1항의 편집 등을 할 당시에는 영상물 등의 대상자의 의사에 반하지 아니한 경우에도 사후에 그 편집물 또는 복제물, 영상물 등을 대상자의 의사에 반하여 반포 등을 한 자는 5년 이하의 징역 또는 5000만 원 이하의 벌금에 처한다.

③ 영리를 목적으로 영상물 등을 대상자의 의사에 반하여 정보통신망을 이용하여 제2항의 죄를 범한 자는 7년 이하의 징역에 처한다.

제14조의3 (촬영물 등을 이용한 협박 · 강요)

① 성적 욕망 또는 수치심을 유발할 수 있는 촬영물 또는 복제물을 이용하여 사람을 협박한 자는 1년 이상의 유기징역에 처한다.

② 제1항에 따른 협박으로 사람의 권리 행사를 방해하거나 의무 없는 일

을 하게 한 자는 3년 이상의 유기징역에 처한다.

③ 상습으로 제1항 및 제2항의 죄를 범한 경우에는 그 죄에 정한 형의 2분의 1까지 가중한다.

아동·청소년의 성보호에 관한 법률(약칭 : 청소년보호법)

제7조(아동·청소년에 대한 강간·강제 추행 등)

① 폭행 또는 협박으로 아동·청소년을 강간한 사람은 무기징역 또는 5년 이상의 유기징역에 처한다.

② 아동·청소년에 대하여 폭행이나 협박으로 다음 각 호의 어느 하나에 해당하는 행위를 한 자는 5년 이상의 유기징역에 처한다.

제8조의2(13세 이상 16세 미만 아동·청소년에 대한 간음 등)

① 19세 이상의 사람이 13세 이상 16세 미만인 아동·청소년(제8조에 따른 장애 아동·청소년으로서 16세 미만인 자는 제외한다. 이하 이 조에서 같다)의 궁박(窮迫)한 상태를 이용하여 해당 아동·청소년을 간음하거나 해당 아동·청소년으로 하여금 다른 사람을 간음하게 하는 경우에는 3년 이상의 유기징역에 처한다.

② 19세 이상의 사람이 13세 이상 16세 미만인 아동·청소년의 궁박한 상태를 이용하여 해당 아동·청소년을 추행한 경우 또는 해당 아동·청소년으로 하여금 다른 사람을 추행하게 하는 경우에는 10년 이하의 징역 또는 1500만 원 이하의 벌금에 처한다.

제9조(강간 등 상해 · 치상)

제7조의 죄를 범한 사람이 다른 사람을 상해하거나 상해에 이르게 한 때에는 무기징역 또는 7년 이상의 징역에 처한다.

제10조(강간 등 살인 · 치사)

① 제7조의 죄를 범한 사람이 다른 사람을 살해한 때에는 사형 또는 무기징역에 처한다.

② 제7조의 죄를 범한 사람이 다른 사람을 사망에 이르게 한 때에는 사형, 무기징역 또는 10년 이상의 징역에 처한다.

제11조(아동 · 청소년 성 착취물의 제작 · 배포 등)

① 아동 · 청소년 성 착취물을 제작 · 수입 또는 수출한 자는 무기징역 또는 5년 이상의 유기징역에 처한다. 개정 2020. 6. 2.

② 영리를 목적으로 아동 · 청소년 성 착취물을 판매 · 대여 · 배포 · 제공하거나 이를 목적으로 소지 · 운반 · 광고 · 소개하거나 공연히 전시 또는 상영한 자는 5년 이상의 징역에 처한다.

제12조(아동 · 청소년 매매 행위)

① 아동 · 청소년의 성을 사는 행위 또는 아동 · 청소년 성 착취물을 제작하는 행위의 대상이 될 것을 알면서 아동 · 청소년을 매매 또는 국외에 이송하거나 국외에 거주하는 아동 · 청소년을 국내에 이송한 자는 무기징역 또는 5년 이상의 징역에 처한다. 개정 2020. 6. 2.

제13조(아동 · 청소년의 성을 사는 행위 등)

① 아동·청소년의 성을 사는 행위를 한 자는 1년 이상 10년 이하의 징역 또는 2000만 원 이상 5000만 원 이하의 벌금에 처한다.

② 아동·청소년의 성을 사기 위하여 아동·청소년을 유인하거나 성을 팔도록 권유한 자는 1년 이하의 징역 또는 1000만 원 이하의 벌금에 처한다.

제14조(아동·청소년에 대한 강요 행위 등)

① 다음 각 호의 어느 하나에 해당하는 자는 5년 이상의 유기징역에 처한다.

1. 폭행이나 협박으로 아동·청소년으로 하여금 아동·청소년의 성을 사는 행위의 상대방이 되게 한 자
2. 선불금(先拂金), 그 밖의 채무를 이용하는 등의 방법으로 아동·청소년을 곤경에 빠뜨리거나 위계 또는 위력으로 아동·청소년으로 하여금 아동·청소년의 성을 사는 행위의 상대방이 되게 한 자
3. 업무·고용이나 그 밖의 관계로 자신의 보호 또는 감독을 받는 것을 이용하여 아동·청소년으로 하여금 아동·청소년의 성을 사는 행위의 상대방이 되게 한 자
4. 영업으로 아동·청소년을 아동·청소년의 성을 사는 행위의 상대방이 되도록 유인·권유한 자

모자보건법 14조

모자보건법 제14조(인공임신중절수술의 허용 한계)

① 의사는 다음 각 호의 어느 하나에 해당되는 경우에만 본인과 배우자(사실상의 혼인 관계에 있는 사람을 포함한다. 이하 같다)의 동의를 받아 인공임신중절수술을 할 수 있다.

1. 본인이나 배우자가 대통령령으로 정하는 우생학적(優生學的) 또는 유전학적 정신장애나 신체질환이 있는 경우
2. 본인이나 배우자가 대통령령으로 정한 전염성 질환이 있는 경우
3. 강간 또는 준강간(準强姦)에 의하여 임신된 경우
4. 법률상 혼인할 수 없는 혈족 또는 인척간에 임신된 경우
5. 임신의 지속이 보건의학적 이유로 모체의 건강을 심각하게 해치고 있거나 해칠 우려가 있는 경우

② 제1항의 경우에 배우자의 사망·실종·행방불명, 그 밖에 부득이한 사유로 동의를 받을 수 없으면 본인의 동의만으로 그 수술을 할 수 있다.

③ 제1항의 경우 본인이나 배우자가 심신장애로 의사표시를 할 수 없을 때에는 그 친권자나 후견인의 동의로, 친권자나 후견인이 없을 때에는 부양의무자의 동의로 각각 그 동의를 갈음할 수 있다.

알리알리 알라성

부모 편-김경현

돈으로 살 수 없는 것

1. 섹스 공화국

모든 사람이 차별 없이 행복한 세상을 꿈꾸며 청소년들을 만나 연애와 결혼을 주제로 많은 이야기를 나누고 있습니다. 구체적으로 '성'을 표현하고 설명하는 공식적인 수업을 전혀 경험해보지 못한 청소년들에게 리얼한(?) 성 관련 수업은 충분한 관심을 끌 수밖에 없는 주제입니다. 특히 청소년들과 함께하는 '성'에 관한 토론은 항상 시간이 부족할 정도로 많은 이야기가 오갑니다. 이런 토론 과정을 통해 '성'에 대한 청소년들의 생각과 다양한 그들의 성 경험을 들을 수 있었습니다. 무엇보다 안타까운 사실은 생각보다 많은 청소년이 '성매매'를 통해 첫 성 경험을 하고 있다는 것입니다. 그리고 이들의 성매매 경험은 일시적 행위로 끝나지 않고 성인이 되어서도 다양한 성매매 형태로 이어지는 경향이 있습니다.

돈으로 무엇이든 살 수 있는 사회는 행복한 세상일까요 아니면 불행한 세상일까요? 돈을 주고 사람의 마음을 살 수 있을까요? 사람의 마음은 돈을 주고 살 수 있는 게 아닙니다. 그것뿐만이 아닙니다. 사랑도 절대 돈으로 살 수 없습니다. 사람의 성도 그런 마음으로 바라보는 것이 중요합

니다. 성매매는 당연히 불법 행위입니다. 이런 불법 행위로 인해 우리는 무엇을 잃어버리고 있을까요?

2006년 미국 국무부가 발표한 국가별 연례 인권 보고서에는 한국을 '섹스 공화국'이라고 표현해놓았습니다. 그리고 이렇게 표현한 이유를

아래와 같이 설명했습니다. "한국에선 분명히 성매매가 불법인데 지금도 성을 사고팔며, 퇴폐 마사지가 만연해 있고, 심지어 인터넷을 통한 성매매도 기승을 부리고 있다." 2010년 '섹스 공화국'의 구체적인 실태를 밝힌 대규모 조사가 국내에서 처음으로 이루어졌습니다. 여성가족부의 의뢰를 받아 서울대 사회발전연구소가 한국 남성의 성 구매 행태를 조사해 분석한 〈성 매수 실태 조사 보고서〉가 바로 그것입니다. 그 내용을 살펴보겠습니다. 대한민국 남성 가운데 1회 이상 성매매를 했다는 사람은 절반가량(49%)으로 조사됐습니다. 2010년 대한민국의 '화대'는 7조 원에 육박합니다. 규모별로 보면 성매매 알선업체를 통한 액수가 5조 4030억 원으로 1위를 차지했고, 성매매 집결지 5765억 원, 변종 성매매 2547억 원, 해외 성매매 2195억 원이 뒤를 이었습니다.

같은 해 한국형사정책연구원(형정원)이 발간한 〈조직범죄단체의 불법적 지하경제 운영 실태와 정책 대안 연구〉에 따르면 한국 성매매 시장의 규모는 30조~37조 원에 이릅니다. 당시 정부가 1년간 적발한 성매매 시장이 1조 5070억 원이었는데, 형정원은 성매매 단속률을 4~5%로 추정했습니다. 단속률이 4%라면 성매매 시장은 36조 6700억 원 규모에 이르고 단속률이 5%라면 30조 1400억 원 규모에 이른다고 볼 수 있습니다.

30조 원이 넘는 규모라니 과연 이것이 어느 정도 큰 것인지 짐작 가지 않을 겁니다. 성매매 시장의 규모를 다른 시장의 규모와 비교해보겠습니다. 〈KB 자영업 분석 보고서〉에 따르면 국내 커피 시장의 규모는 6조 8000억 원(2018년)으로 조사됐습니다. 역대 최고치를 경신했다는 영화 산업은 어떨까요? 영화진흥위원회가 발간한 〈한국 영화 산업 결산 보고서〉에 따르면 2019년 한국 영화 시장의 규모는 2조 3764억 원이었습니다. 성매매 시장의 규모를 30조 원이라고 가정할 때, 커피 시장의 4배, 영화 시장의 13배 정도라는 수치가 나옵니다.

미국 암시장 전문 조사기관 하보스코프닷컴 자료에 따르면 한국 성매매 시장의 규모는 2015년 기준 120억 달러(약 14조 8000억 원)로 세계 6위입니다. 1~5위는 중국, 스페인, 일본, 독일, 미국 순입니다. 스페인을 제외하면 모두 한국보다 인구가 훨씬 많은 나라입니다. 10년 전 한국을 '섹스 공화국'이라고 명명한 미국의 인권 보고서는 매우 정확한 분석이라고 생각합니다.

2020년 잘못된 성 문화가 세상으로 민낯을 드러냈습니다. 이른바 n번방 사건입니다. 경찰의 발표에 따르면 협박과 성 착취가 이루어진 n번방과 박사방만 계산했을 때 이용자 수가 1만~3만 명으로 추정됩니다. 그 외에 해당 영상들이 유사 방 등 다른 곳에 재유포된 경우까지 포함하면 이 영상들을 본 사람은 최대 6만 명에 달할 것으로 조사됐습니다. 텔레그램 n번방은 대한민국 일부 남성의 일탈 사건이 아닙니다. 더 놀라운 일은 성범죄 피해자로만 여겨지던 10대 청소년들이 금품을 목적으로 성범죄에 가담하는 공범, 즉 가해자로 등장했다는 사실입니다. 성매매 시장이 인터넷 게임과 채팅 앱의 편리성이라는 장점을 등에 업고 더욱 사업화된 구조를 형성하면서 무섭게 성장하고 있다는 점은 더욱 주목해야 합니다. 2021년에도 성범죄 뉴스는 멈추지 않고 있습니다. 오늘도 채팅 앱과 만남 사이트를 통해 청소년들의 성을 구매하기 위해 나서는 남성들은 누구의 아버지, 그리고 누구의 아들일까요? 집창촌의 포주 대다수가 여성이라는 점도 간과하지 말아야 합니다.

오늘도 건전하지 못한 성 문화 속에서 살아가는 성인들의 모습을 청소년들은 여과 없이 바라보며 성장하고 있습니다. 온라인과 오프라인을 넘나드는 커다란 성범죄 카르텔이 만연한 나라 대한민국에서 우리는 부모로서 자녀들을 위해 무엇을 준비해야 할까요?

한국개발원(KDI) 경제정보센터의 2021년 발표에 따르면 2018~2020년 우리나라의 평균 국가 행복지수는 10점 만점에 5.85점을 기록했습니다. 전체 조사 대상 149개 국 중 62위, OECD 37개 국 중 35위에 해당합니다. 세계 10위 경제 대국인 한국인들의 삶은 OECD 최하위권이라고 할 수 있습니다. OECD 국가 중 국가 행복지수가 높은 나라는 핀란드(7.84점), 덴마크(7.62점), 스위스(7.57점), 아이슬란드(7.55점) 등으로 조사됐습니다. 독일과 영국도 7점이 넘는 등 유럽은 전반적으로 행복지수 상위권에 오르는 좋은 점수를 보여주었습니다. 앞서 사람의 마음은 돈을 주고 살 수 없다고 말했습니다. 행복도 마찬가지입니다. 우연의 일치일까요? 상위권에 속한 나라들은 오래전부터 포괄적 성교육을 실시하고 있는 나라들입니다. 포괄적 성교육은 행복한 인생을 위해 꼭 필요한 교육이라고 다시 한 번 강조하고 싶습니다.

대한민국 청소년들의 성 문화를 들여다보고, 그들의 호기심과 질문에 대해 함께 고민해야 합니다. 그 대안으로의 포괄적 성교육을 소개하고자 합니다. 모르는 게 문제가 아닙니다. 잘못 알고 있는 게 더 큰 문제입니다. 특히 '성'은 더욱 그렇습니다. 이 책은 '성교육'에 관한 전문 서적이 아닙니다. 다만 여러분이 꼭 기억해야 할 내용과 구체적인 성교육을 안내하기 위한 가이드북으로 이해해주시기 바랍니다.

2. 바나나와 콘돔

2020년 7월 전남 담양의 한 고등학교에서 고등학생을 대상으로 피임 관련 성교육 수업을 실시했는데, 이것이 커다란 이슈가 됐고 국민 신문고에까지 등장했습니다. 성교육에 어떤 문제가 있었던 것일까요?

이슈의 내용은 아래와 같습니다. 성교육 수업을 담당한 교사가 1학년 기술·가정 과목 '임신과 출산' 수업 중 '콘돔 끼우기 연습'을 하기 위해

실습 준비물로 바나나를 가져오라고 했다가 일부 학부모의 항의가 이어지자 해당 실습을 취소했습니다. 담당 교사는 해당 단원 교육 과정에 피임에 관한 부분이 있어 콘돔과 바나나를 이용해 학생들에게 정확한 사용법을 가르쳐주려는 취지였다고 설명했습니다. 만약 바나나가 아닌 제대로 만들어진 성기 모델로 성교육을 실시하려고 했다면 학부모들은 어떤 반응을 보였을까요.

학부모들이 항의한 이유는 남녀공학에다가 한창 감수성이 예민한 청소년들이 모여 있는데 성교육을 하려다 되레 성적 호기심 등을 부추겨 성범죄를 조장할 수 있다는 이유였습니다. 이에 학교 측은 논란이 커질 것을 우려해 해당 수업을 취소했습니다. 안타깝지만 학교와 교사를 믿지 못하는 학부모들이 깊은 속마음이 드러난 것은 아닐까요.

올바른 콘돔 사용법을 알고 있고 자녀들에게 제대로 된 사용법을 설명할 수 있는 부모가 얼마나 될까요? 우리나라 10대 청소년의 피임률은

50%이고, 그중 절반은 잘못된 방법(랩이나 비닐봉지를 이용해 건강을 해치는 등)으로 피임 흉내를 내고 있다는 것을 부모들은 알지 못할 겁니다. 많은 연구 자료를 통해 여러 나라에서 아동·청소년기에 이루어지는 포괄적인 성교육이 첫 성 경험 시기를 늦추고, 성매개감염병을 예방하며, 임신을 줄인다는 긍정적인 결과가 증명된 바 있습니다.

'바나나 콘돔 수업'에 대한 학부모들의 반응을 바라보면서 어쩌면 이것이 대한민국 성교육의 현실이 아닐까 하는 생각이 들었습니다. 학부모들은 성교육을 단순히 섹스하는 것을 가르치는 교육으로 이해하고 있는 것은 아닐까요? 2015년 학교 성교육 표준안의 내용을 살펴보면 '데이트 폭력을 막기 위해선 단둘이 있지 말아야 한다', '남자는 누드에 약하고 여자는 무드에 약하다' 등 비현실적인 대처 방안과 성역할에 대한 고정관념, 차별적 내용을 그대로 담고 있습니다. 학교 성교육의 현실을 바라보며 '눈 가리고 아웅한다'라는 속담이 떠올랐습니다. 대한민국 성교육의 수준이 곧 대한민국 성 문화의 수준 아닐까요.

3. 가장 쉬운 성교육

"성교육, 꼭 해야만 하나요?"
"먹고살기도 바쁜데……."
"먹여주고 재워주는데……."
"보내달라는 곳 다 보내주는데……."
"우리 애는 뭐가 부족해서 그렇게 불만인지 모르겠어요."
"우리 애는 절대 그런 애가 아니에요."

"우리 애는 착한 애인데 친구를 잘못 사귀어서 그런 거예요."

"우리 집에는 그런 사람이 없는데 누굴 닮았는지 모르겠어요."

"하라는 공부는 안 하고."

"그렇게까지 자세하게 알려줘야 하나요?"

사춘기 자녀의 성 문제로 상담하게 된 부모님에게 "자녀와 관련해 가장 어려운 점은 무엇인가요?" 하고 물었습니다. 대부분 '대화'를 꼽았습니다. 그런데 자녀와의 대화만 어려울까요? 부부끼리 대화가 되는 가정이라면 자녀와의 대화도 쉽게 이루어집니다. 가장 쉬운 성교육은 가정에서의 건강한 '대화'입니다. 건강한 '대화' 방법을 소개합니다.

고대 로마의 여러 수호신 가운데 '비리프라카'라는 여신이 있습니다. 부부싸움의 수호신으로 잘 알려져 있는 여신입니다. 대부분의 부부가 그렇듯, 부부 사이의 말다툼은 사소한 일에서 시작됩니다. 고대 로마의 부부들도 별반 다르지 않았습니다. 둘 다 자기가 옳다고 생각하기 때문에 주장하는 쪽의 목청은 점점 높아지기 마련이지요. 잠자코 있으면 질 거라고 생각하니까, 상대가 입을 열지 못하게 하기 위해서라도 더 큰 소리를 냅니다.

이렇게 싸움이 격해지면 고대 로마의 부부들은 감정을 최대한 억누르고 비리프라카 여신을 모시는 사당으로 발길을 옮겼습니다. 그런데 그곳에는 아무도 없이 오로지 비리프라카 여신상만 있었습니다. 신전에서 사당에 이르기까지 신을 모시는 모든 성소에 신관을 배치하려면 로마 인구를 전부 동원해도 모자랐기 때문입니다. 이 여신의 사당에는 나름 규칙이 있었습니다. 신을 믿는 로마인들은 감시자가 없어도 그 규칙을 엄격하게 지켰습니다. 비리프라카 여신 앞에서 지켜야 할 규칙은 한 번에 한 사람씩 차례로 여신에게 호소해야 한다는 것이었습니다. 그러다 보니 당연히 어느 한쪽이 여신에게 호소하는 동안 다른 한쪽은 잠자코 듣고 있을 수밖에 없었습니다. 잠자코 듣고 있노라면 상대의 주장에도 일리가 있다는 것을 깨닫게 됩니다. 신 앞에서 호소하다 보면 흥분했던 목청도 조금씩 가라앉고, 결국에는 싸움도 끝나게 됐다고 합니다.

> 삶을 살아가는 기술의 90%는
> 여러분이 참아낼 수 없는 사람들과
> 잘 지내는 것이다.
>
> 새뮤얼 골드윈 Samuel Goldwyn

사춘기 자녀의 억지스러운 주장을 처음부터 끝까지 묵묵히 들어줄 수 있는 부모가 과연 얼마나 될까요? 어렵더라도 부모 앞에서 자신의 고민을 진솔하게 말할 수 있는 환경을 만들어주기 위해 노력해야 합니다. 어떤 상황에도 화를 내기에 앞서 침착하게 자녀의 이야기에 귀를 기울이는 부모의 태도가 가장 좋은 성교육입니다. 이런 상황을 통해 가장 중요한 관계의 타인에게 존중을 받는 경험을 하면서 스스로 소중한 존재라는 것을 느끼고 인식하게 됩니다. 성교육은 관계 교육입니다. 경청과 존중이 기초가 되는 대화가 가장 좋은, 가장 쉬운 성교육입니다.

대학원 집단상담 수업 중에 교수님이 질문했습니다.

"나는 누구인가?"

"나는 어디에서 왔는가?"

"나는 어디로 가고 있는가?"

마지막 질문이 모두의 정곡을 찔렀습니다.

"우리는 모두 실수로 태어나지 않았나요?"

예나 지금이나 출산을 계획하고 준비한 부모가 과연 얼마나 있을까요? 요즘은 불임 부부가 많아져서 아이를 갖기 위해 꾸준히 노력하는 부부가 많아진 것도 사실입니다. 그러나 제 주변에서 태어난 아이들은 실수(?)가 많았습니다. 물론 저도 실수에 해당합니다.

아버지 학교를 다니고 처음으로 아버지의 역할에 대해 배웠습니다. 아버지의 역할이 알면 알수록 힘들었습니다. 내가 잘해야 애들도 잘한다는 '진리'를 알고 나니 무섭기까지 했습니다. 아이들이 잘못된 행동을 하면 모두 다 내 탓이라는 생각이 들어서 샤워기를 틀어놓고 남몰래 소리 죽여 가며 가슴으로 울었던 기억도 있습니다.

아버지는 그냥 되는 것이 아니란 것을 뼈저리게 느낀 시간들입니다.

부모와 자녀는 함께 성장해야 합니다. 그러기 위해서는 건강한 대화를 나눌 줄 알아야 합니다.

어른들은 몰라요

4. 청소년의 성적 호기심

청소년들이 가장 많이 검색하는 키워드는 무엇일까요? 바로 성과 관련된 키워드입니다. 지금 핸드폰을 꺼내보십시오. 구글을 통해 몇 가지 키워드를 검색하겠습니다.

'여자'라는 키워드를 한번 검색해보세요. 어떤 이미지들이 검색되나요? 불법 전단지에서 보았던 이미지와 너무 유사합니다. '길거리'라는 키워드로 한번 검색해보세요. 여러분의 상상이 아주 멀리 빗나갔을 겁니다. 언제부터 '여자'와 '길거리'가 같은 이미지로 형상화됐을까요? 이렇듯 여성을 성적 대상화하는 잘못된 성 문화는 이미 어려서부터 스마트폰과 키보드를 통해 습득되고 있습니다.

부모들에게 "자녀의 성교육을 언제부터 하면 좋을까요?"라는 질문을 많이 받습니다. 자녀의 발달에 따른 포괄적 성교육은 만 5세부터 시작하는 것이 가장 좋습니다.(유네스코 국제 성교육 가이드) 그러나 무엇보다 중요한 것은 호기심 가득한 자녀의 질문에 반응하는 부모의 모습입니다. 안

타깝게도 많은 부모가 성에 관련된 자녀들의 질문에 대충 둘러대는 모습으로 그 상황을 모면합니다. 이제부터라도 자녀의 호기심에 대해 솔직하게 말해주고 함께 고민하는 모습을 보여주세요. 자녀의 호기심을 해소해주기 위해 노력하는 부모의 모습은 자녀의 마음에 깊은 감동으로 기억될 것입니다.

10대 청소년들의 성에 관한 질문을 모아봤습니다. 여러분의 자녀에게 아래와 같은 질문을 받는다면 어떻게 설명하실 건가요?

성에 대한 호기심(초등학생)

- 지금 섹스해도 되나요?
- 생리도 안 하는데 키가 많이 크지 않아요.
- 사춘기는 왜 오나요?

- 아기 낳으려면 어떻게 해야 하나요?
- 포경의 필요성을 알고 싶어요. 포경수술을 꼭 해야 하나요?
- 왜 어릴 때는 성에 대한 부끄러움이 없어도 사람들이 뭐라고 하지 않을까요? 왜 커서만 성이 중요해지나요?
- 성관계가 좋은 건가요?
- 성관계는 부끄러운 건가요?
- 성의 정의가 무엇인가요?
- 아기는 어떻게 만들어지나요?
- 정자와 난자는 어디에서 만들어지나요?
- 성교육은 왜 필요한가요?
- 어떻게 하면 남자가 태어나고 어떻게 하면 여자가 태어나죠?
- 생리를 안 할 때 여자는 임신하지 않나요?
- 사춘기가 되면 성격이 어떻게 변하나요?
- 변성기에 목 관리는 어떻게 하죠?
- 왜 여자만 아기를 낳나요?
- 남성과 여성으로 나뉘어진 이유는?
- 성폭력은 왜 생겨나는지 궁금해요.
- 제 몸은 어떤 과정을 거치면서 자라게 되나요?
- 사춘기는 왜 생기는 거예요?
- 사춘기 때 남자와 여자 모두 목소리가 변하나요?
- 사람은 왜 사춘기가 와요?
- 생리하기 전에 나의 몸에 어떤 변화가 일어나죠?
- 야동을 따라 하고 싶어요.

성에 대한 호기심(중학생)

- 임신 중일 때 성관계를 해도 되나요?
- 생리할 때 성관계를 해도 되나요?
- 어떻게 여자가 되고 남자가 되나요?
- 성매개감염병은 무엇인가요?
- 발기부전이면 섹스를 못 하나요?
- 남자는 왜 생리를 안 하나요?
- 정자와 난자가 어떻게 만나요?
- 아기는 어떻게 생겨요?
- 아기는 어떻게 낳아요?
- 여자끼리 아이를 가질 수 있나요?
- 성관계는 어떻게 하나요?
- 결혼은 꼭 해야 하나요?
- 성폭력 당하면 어떻게 해야 하나요?
- 피임기구를 사용하지 않으면 무조건 임신되나요?
- 남자들이 여자들보다 자위를 많이 하는 이유가 있을까요?
- 청소년들이 성관계하는 게 꼭 나쁜 건가요?
- 임신하면 어떤 느낌이 드나요?
- 청소년기에 성관계를 해도 될까요?
- 여성의 질은 작은데 어떻게 아기를 낳을 수 있나요?
- 성관계는 아기를 낳기 위해 하는 건가요? 결혼 생활을 즐기려고 하는 건가요?
- 정확하게 무엇을 해야 아기가 생기는 건가요?

- 아기 낳는 법을 자세히 알려주세요.
- 성이 무엇인가요?
- 자위가 궁금합니다.
- 섹스가 무엇인가요? 더러워요.
- 섹스는 어떻게 하나요?
- 아기는 어디로 낳아요?
- 낙태 절차는 무엇인가요?
- 남자는 포경수술을 해야 하나요?
- 청소년이 섹스를 하면 어떤 일이 생기나요?
- 어린 나이에 성관계를 했고 다행히 임신되지는 않았지만, 많은 성관계는 좋지 않은 거죠?
- 성관계는 얼마나 힘드나요?
- 섹스는 언제부터 할 수 있어요?
- 섹스는 몇 살부터 해도 될까요?
- 어른들은 왜 어릴 때 섹스하면 '걸레'라고 해요?

성에 대한 호기심(고등학생)

- 임신 중과 출산 후에 여성이 겪을 수 있는 질병은?
- 쿠퍼액으로 임신될 확률은 어느 정도인가요?
- 여자를 잘 꼬시는 방법은?
- 상대방을 잘 느끼게 하려면 무슨 방법이 있나요?
- 성관계를 초강력 파워로 해도 되나요?
- 남성의 정력은 몇 살 때부터 안 좋아지기 시작하나요?

- 하고 싶어요. 연애 좀 제발 꼭 하고 싶어요. 왜 안 될까요?
- 여자를 뿅가게 하는 법?
- 저는 왜 남자친구가 안 생길까요?
- 청소년에게 피임도구인 콘돔은 판매하면서 집을 제외한 어떤 장소도 출입할 수 없는 현 상황에 대해 어떻게 생각하시나요?
- 정력에 좋은 것들은 뭐가 있나요?
- 연애는 어떻게 하는 거죠?
- 연애는 언제 하는 게 좋아요?
- 청소년의 성관계는 왜 안 좋은 건가요?
- 생리 주기가 불규칙한 이유는?
- 출산하면 생리통이 없어지나요?
- 발암 물질이 많은 월경대를 사용하고 있어요. 몸에 문제는 없을까요?
- 지금 섹스해도 되나요?
- 평균적인 첫 경험의 나이는?
- 여자의 심리가 궁금해요.
- 여자도 자위를 하나요?
- 지금 좋아하는 아이가 있는데 연락은 하고 있지만 뭘 어떻게 해야 할지 모르겠어요.
- 야동을 보면 어떤 처벌을 받나요?
- 여자가 성 욕구가 강해지는 시기가 있나요?
- 미성년자의 성관계는 잘못인가요?
- 첫 성관계의 평균 나이는?
- 여자가 오르가슴을 느끼는 방법은?
- 남자의 성기가 크면 여자가 좋아하나요?

- 피임약과 응급피임약의 차이?
- 야동은 사실이 아니겠죠?
- 이성과 대화할 때 어떤 주제로 끌고 나가는 것이 좋을까요?
- 어떻게 해야 이성 친구에게 인기가 많아질까?
- 얼굴은 잘생겼는데 여자가 없네요. 왜 그럴까요?
- 일주일에 자위는 몇 번이 적당한가요?
- 포경이 되긴 하는데 잘 안 돼요. 어떻게 할까요?
- 자위는 언제부터 하는 게 좋을까요?
- 포경수술을 왜 해야 하나요?
- 성매개감염병의 종류는 뭐가 있나요?
- 간성 말고 다른 성은 없나요?
- 스트레스가 생리 주기를 불안정하게도 하나요?
- 경구용 피임약을 계속 먹으면 몸에 이상이 생기나요?
- 성인용품을 사용하면 몸에 이상이 생기진 않나요?
- 생리 주기가 불안정해졌어요. 이유가 뭘까요?
- 음경 크기의 중요성은?
- 섹스 자세로 뭐가 좋은가요?
- 피임약 먹고 안에다가 싸면 임신이 돼요, 안 돼요?
- 청소년 시기에 성에 관심이 높아지는 이유는?
- 왜 남자와 여자의 신체적 구조가 다를까요?
- 에이즈는 게이만 걸리나요?
- 섹스(삽입)하기 전에 무엇을 하죠?
- 젠더와 젠더 감수성에 대한 개념 및 유형 등을 정확하게 알고 싶습니다.

- 여친 만드는 법.
- 쾌락을 고조로 올리며 섹스를 즐기는 법.
- 가슴이 잘 크게 하려면?
- 자위하는 이유는?
- 무성애자는 아무한테도 성욕을 느끼지 못하나요?
- 포경수술을 꼭 해야 하나요?
- 에이즈에 걸릴 확률은 여성과 남성의 성관계 시 더 높다고 하는데 왜 남성간의 관계 시 발병한다는 헛소문이 퍼진 건가요?
- 에이즈에 걸리지 않는 신체적 접촉은 어디까지인가요?
- 콘돔은 비쌀수록 더 좋은 건가요?
- 정말 남자는 성욕이 여자보다 더 강한가요?

성교육 가이드

청소년들의 다양한 질문을 어떤 마음으로 읽으셨나요?

모든 질문에 올바른 답을 해주실 수 있나요? 대부분의 질문이 답하는 게 쉽지 않아 보일 겁니다. 질문이 너무 당돌하다고 생각하는 분도 있을 겁니다. 그러나 무엇보다 중요한 것은 성인과 청소년 모두에게 포괄적인 성교육이 필요하다는 것입니다.

청소년들은 '언제 섹스할 수 있나요?'라는 질문을 많이 합니다. 하지만 언제보다 더 중요한 것이 있습니다. 바로 어떤 마음으로 어떤 준비를 했는가 하는 것입니다. 주체적인 성적 의사결정을 하기 위해서는 아래와 같은 구체적인 준비가 필요하다는 것을 꼭 알려주어야 합니다.

- 내가 정말 원하는 행동인가?
- 성 행동을 앞둔 경우, 내가 내 몸의 주인으로서 주체적으로 결정하고 행동했는가?
- 상대방과의 스킨십은 내가 심리적으로 감당할 수 있는 정도인가?
- 성적 접촉을 나눌 만큼 사랑하고 친한 사람인가? (상대방의 마음도 그런가?)
- 데이트 상대를 진심으로 존중하고 배려하는가?

- 성 행동을 함으로써 발생할 모든 결과에 책임질 수 있는가?
- 성 행동을 하기 위한 충분한 성 지식과 성 정보를 가지고 있는가?
(몸과 생식 원리, 피임 방법, 성매개감염병 예방책, 임신과 낙태가 10대의 몸에 미치는 영향 등)

여고생이 섹스하는 이유

"여고생이 왜 남자랑 자는지 알아요?" (은교)
"날 좋아하니까, 다시 온 거잖아." (서지우)
"외로우니까 자는 거예요!" (은교)
"나도 외로워." (서지우)
"사랑해서 자는 게 아니라 외로우니까." (은교)

영화 〈은교〉의 한 장면입니다. 실제로 많은 청소년들이 외로움과 따돌림 때문에 성관계를 선택합니다. 외로움의 원인은 대부분 '애정결핍'입니다. 정서적 '결핍'으로 많은 청소년들이 쉽게 성 행동을 할 수도 있다는 것을 꼭 기억해주세요.

- 황당하다.
- 더럽다.
- 존나 하고 싶다.
- 뽀뽀하고 싶다.
- 섹시하다.
- 연애하고 싶다.
- 싸대기 때리고 싶다.
- 마음이 아프다.
- 두들겨 패고 싶다.
- 만져보고 싶다.
- 기분이 좋지 않고 슬프다.
- 결혼하고 싶다.
- 놀랍다.
- 또 보고 싶다.

코로나19로 아동·청소년들이 집에 혼자 있는 시간이 많아지면서 인터넷을 통한 음란물 시청이 급증하고 있습니다. 조사에 따르면 아동·청소년 중 절반 정도가 음란물을 시청했으며, 이 가운데 초등학생이 20%에 달하는 등 아동·청소년의 음란물 중독 우려가 커지고 있습니다. 실제로 음란물을 즐겨보는 아동·청소년의 비율은 조사 결과의 두 배에 달할 것이라고 전문가들은 조심스레 예측하고 있습니다. 아동·청소년기에 불법 촬영물에 중독되면 인간관계가 왜곡되고, 일상생활이 정상적으로 이루어

질 수 없을 만큼 큰 영향을 받습니다. 실제로 음란물에 중독된 청소년들의 상담 사례를 살펴보면 "환상과 환청 속에서 삶이 무너지는 경험을 했다", "모든 여자가 음란물의 주인공처럼 보인다", "죽을 만큼 힘든데 도저히 끊을 수 없다" 등 다양한 어려움을 토로했습니다.

부모들의 고민 상담 사례를 보면 자녀들의 자위와 음란물에 관한 걱정이 매우 큰 비중을 차지합니다. 특히 자녀들이 음란물을 본 것을 처음 알게 됐을 때 놀란 마음에 무작정 꾸짖는 경우가 많습니다. 그러나 자녀를 꾸짖는 일보다 먼저 해야 할 일이 있습니다. 그것은 자녀가 본 불법 촬영물의 내용이 사실이 아니라는 것을 제대로 알려주는 것입니다.

음란물을 포함해서 성적 묘사를 내세우는 소설이나 영화 등은 오로지

돈을 벌기 위한 목적으로 제작된 것입니다. 그렇기 때문에 지나치게 자극적으로 성을 묘사하거나, 현실성이 없는 성적 판타지를 그려내는 경우가 많습니다. 그리고 성인물은 대부분 남성 위주로 만들어져 남성의 쾌락을 위한 수단으로 섹스가 묘사됩니다. 불법 촬영물은 남성을 성적으로 흥분시키기 위해 만들어진 것으로, 연인 사이의 애정이나 친밀감을 중요하게 다루지 않습니다. 이런 영상 속의 여성은 인간으로서가 아니라 오로지 성적 도구로만 존재할 뿐입니다.

성행위는 남에게 보여주기 위한 것이 아니고 두 사람이 서로에게 집중하며 만들어가는 매우 개인적인 것입니다. 여성들에게 물어보면 불법 촬영물에 나올 법한 체위를 취하며 자신을 기계적으로 다루는 남성의 모습을 보면 굉장히 실망스럽다고 말합니다. 사람마다 체격도 다르고 체력도 다르고 성적 취향도 다른 법입니다. 성관계는 서로의 취향을 존중하며 서로를 알아가는 몸의 여행입니다. 서로에 대한 배려가 빠질 수 없는 이유입니다. 따라서 신체 구조나 성에 대한 지식, 감염증이나 임신의 위험을 방지하기 위한 올바른 지식을 갖추는 것은 매우 중요합니다.

자녀에게 불법 촬영물을 같이 보자고 먼저 이야기해보세요. 보고 난 후 서로의 감정을 충분히 나눌 필요가 있습니다. 불법 촬영물이 어떤 이유로 만들어지는지, 그리고 제작 과정에 어떤 문제점들이 있는지 이야기하는 것도 좋습니다. 미디어의 허상과 현실을 구분해서 바라보는 비판적 의식을 키워주는 것이 필요합니다. 그리고 무엇보다 성관계가 불쾌해지지 않는 마법의 열쇠, 그것은 바로 '사랑'임을 꼭 알려주어야 합니다. 무엇보다 부모님이 먼저 불법 촬영물을 멀리해야 합니다. 음란물의 주인공을 따라하다가 위급한 상황을 맞이해서 응급실을 찾는 사람은 비단 청소년만이 아닙니다.

스마트폰이 아이를 악당으로 만든다지만 아이를 악당으로 여기는 부모의 시선이 아이를 진짜 악당으로 만드는 것인지도 모릅니다. 여러분의 자녀가 아무리 주의를 주어도 스마트폰을 놓지 못한다면 아이를 주시하고 나무라는 대신 아이의 가장 가까운 롤모델인 부모 자신을 가만히 돌아보는 것부터 시작하는 게 어떨까요?

성교육 가이드

디지털 청소년 문화 이해하기

디지털 원주민(digital native)

PC, 휴대전화, 인터넷, MP3 같은 디지털 환경을 태어나면서 자연스레 사용하는 세대를 말한다. 청소년들이 '섹스'를 제대로 표현할 수 있는 공간은 누가 뭐라 해도 인터넷이다. 지금의 청소년은 '디지털 원주민'이다. 지금의 청소년을 이해하고 싶다면 '디지털' 가운데 태어나 '디지털'을 통해 '디지털'로 살아가는 청소년을 이해할 수 있어야 한다.

10대들은 인터넷을 통해 모든 정보를 찾습니다. 대부분의 만남이 SNS를 기반으로 이루어진다는 사실에 부모들은 관심을 가져야 합니다. 인터넷 게임과 채팅 앱 등으로 다양하게 얽혀 있는 온라인 속 세계, 청소년들은 24시간 성범죄의 위험에 노출된 채 오늘을 살아가고 있습니다. 게다가 부모와 자녀들은 세대 차이가 뚜렷하게 나타나는 시대를 살다 보니 생각의 차이와 의견의 차이가 여러 곳에서 발생합니다. 청소년들의 온라인 문화에서 활용되는 플랫폼의 긍정적인 부분과 부정적인 부분의 양면성을 부모들이 먼저 이해할 수 있어야 합니다. 그럼 어떤 교육이 뒷받침되어야 할까요? 올바른 미디어 리터러시 교육을 통해 청소년들이 온라인의 양면성을 이해하고 이를 비판적으로 바라보는 시각을 키울 수 있도록 도와야 합니다.

미디어 리터러시 교육

얼마 전, 한강에서 친구와 술 마시던 중 실종되어 주검으로 발견된 한 청년이 이야기가 큰 이슈로 떠올랐습니다. 함께 술을 마시다 잠든 친구를 범인으로 지목하고 그것이 사실인 것처럼 거짓 정보를 만들어낸 유튜버들의 모습은 씁쓸할 따름입니다. 호기심을 자극할 만한 내용으로 편집하고 각색해서 거짓 이야기를 만들어내는 그들의 목적은 오로지 리뷰 수, 즉 돈입니다. 불법 촬영물을 만들어내는 사람들과 다를 바 없습니다.

유튜브, 페이스북, 그리고 각종 SNS를 통해 방대한 정보가 생산되어 유통됩니다. 이것을 기초로 많은 이야기가 만들어지고 여론이 조성되기도 합니다. 잘못된 정보가 진실인 것처럼 포장되는 경우도 많습니다. 그리고 온라인 공간에서 많은 기사 및 게시글, 댓글들이 공공연히 성소수자에 대한 혐오와 차별, 여성에 대한 성적 대상화를 일삼고 있습니다. 이런 글들은 교묘히 합리성을 내세우는 것처럼 보이지만 실제로는 민주주의의 자유와 평등에 대한 가치를 훼손하는 내용이 대부분입니다.

미디어 리터러시란 미디어를 비판적으로 읽고 창의적으로 만들어낼 수 있는 능력을 말합니다. 따라서 디지털 리터러시 교육은 디지털 기술이 가진 영향력, 파급 효과를 이해하고 젠더 평등한 의사표현과 소통의 방식을 찾아가는 것뿐만 아니라 디지털 정보와 기술 속에 놓인 본인의 생각과 믿음의 체계가 어떤 경로로 형성된 것인지 알 수 있도록 가르쳐야 합니다.

10대들에게 큰 영향을 미치는 또래 문화의 핵심이자 오락이 바로 디지털입니다. 이들은 인터넷과 IT에 친숙하고, TV, 컴퓨터보다 스마트폰에 익숙하며, 텍스트보다 이미지에 익숙하고, 동영상 콘텐츠를 선호하는 특징을 보입니다.

Z세대 청소년의 온라인 문화

인증샷 문화

인증+샷(Shot)의 신조어, 실제 일어난 일이나 행동을 SNS상에 사진 또는 영상으로 남기는 문화를 말한다.

미디어 소비 & 생산의 문화

단순히 소비하는 것에서 끝나지 않고 생산자로서 동시에 활동하고 있다.

유튜브 & 아프리카TV 문화

유튜버나 아프리카 BJ의 콘텐츠를 즐겨보며 팬으로서 구독, 좋아요, 후원에 적극적으로 참여한다.

6. 아들 이야기(상담 사례)

아들의 친구들

친구에게 연락이 왔다. 고등학교에 다니는 아들 문제로 급히 상담이 필요하다고 했다. 내용은 아래와 같다.

얼마 전에 가족이 함께 여행을 떠났다. 물론 집에는 아무도 없었다. 여행을 다녀온 후, 앞집 아주머니가 아내에게 다급하게 연락했다. 가족들이 여행을 떠난 며칠 동안, 아들의 친구들이 제집처럼 빈집을 드나들었다는 것이다. 물론 남자, 여자 함께.

어떤 상황에도 흥분하지 말고 자연스럽게 궁금한 점을 아들에게 물어보라고 권했다. 며칠 후, 아들과 대화해 모든 사실을 듣게 됐다는 연락이 왔다. 그리고 아들에 대해 모르는 점이 많았다면서 아들과 아들 친구들에게 제대로 된 성교육을 해달라고 요청했다.

한 달 후, 나는 친구의 아들과 그 아이의 친구 3명을 함께 만났다. 연애에 관한 이야기만 세 시간 동안 열심히 나누고 헤어졌다. 아들의 친구는 지금은 건강하게 해병으로 군 복무 중이다.

성교육 가이드

1. 자녀의 사생활 존중하기
2. 자녀의 친구들을 함부로 말하지 않기

3. 궁금한 점은 솔직하게 물어보기
4. 서로의 감정을 표현하고 확인하기
5. 그럴 수 있다며 공감하기
6. 성교육 전문가의 도움을 받기

아들의 여자 친구

A씨는 원래 일정보다 이른 시간에 집으로 돌아왔다. 집에 들어선 순간, 현관에서 보게 된 낯선 운동화. 아들의 여자친구가 집에 온 것이다. 시선이 머문 곳은 중학교에 다니는 아들의 방이었다. 아들은 현관문이 열리는 소리를 못 들은 것 같았다. 방 안에선 아들의 거친 숨소리가 들려왔다. 순식간에 망치로 얻어맞은 것처럼 머리가 멍해졌다. 심장이 뛰고 손에선 땀이 흘렀다. 발이 얼어붙은 것처럼 꼼짝할 수 없었다. 이 상황을 어떻게 극복해야 할까? 잠시 깊은 고민에 빠졌다. 그리고 헛기침을 크게 하고서는 집을 나왔다.

그날 밤, A씨는 아들과 단둘이 마주했다. 그리고 차분하게 질문했다.

아까 누구와 있었니?
그 친구와는 어떤 사이지?
상대방의 동의는 충분히 구했니?
사랑을 나누기 전에 피임은?
관계 후 느낌은 어땠니?

앞으로 두 사람의 관계는?

A씨는 자신 인생에서 가장 떨리는 시간이었다고 말했다. 그리고 무엇보다 흥분하지 않으려고 노력했다고 말했다.

나는 2주 후 A씨의 아들과 그의 여자친구를 함께 만났다. 연애와 사랑에 대해 실컷 이야기를 나누었다. 그리고 엽떡을 먹고 헤어졌다. 그들은 지금 대학생 커플이 됐다.

성교육 가이드

1. 청소년은 자신의 성 행동에 영향을 받으며, 성적 수치심은 깊은 트라우마를 남긴다.
2. 청소년은 자신의 행동보다 반응하는 부모의 행동에 더 큰 영향을 받는다.
3. 존중은 상황에 따라 변하는 것이 아니다. 어떤 상황에서도 부모의 존중을 경험하도록 하는 일이 무엇보다 중요하다.
4. 자녀를 24시간 감시할 수는 없다. 스스로 옳고 그름을 분별할 능력을 키워주자.
5. 애들이 섹스해도 안 죽는다. 오히려 지나친 걱정이 상황을 악화시킬 수 있다.

여유로운 일요일 아침. 불이 켜진 17살 아들의 방으로 들어갔다. 핸드폰을 손에 든 채 아들은 깊은 잠에 빠져 있었다. 순간 궁금했다. '이 녀석이 뭘 보다가 잠이 들었을까?'

아들의 핸드폰 속에선 '쓰리썸'(한 번에 3명이 성행위를 하는 것) 영상이 재생을 멈추고 있었다. 쿵쾅거리는 심장을 진정시키기 위해 깊은 숨을 조심히 내쉬었다. 그리고 조용히 아들의 방을 나왔다.

며칠 후, 아빠가 어릴 적 보았던 음란물에 대해 이야기했다. 그때의 느낌을 솔직하게 말해주었다. 불쾌함과 찝찝함, 그리고 충동에 대해. 마지막으로 절대 속지 말자는 말과 함께 음란물은 진짜가 아닌 전문 연기자의 연기라고 말해주었다.

성교육 가이드

포르노는 여자를 어떻게 보아야 하는가, 여자를 어떻게 다루어야 하는가에 대한 관념을 만들어내고, 여자에게 해서 되는 일은 무엇인가 하는 시각에서 '여자란 도대체 무엇인가' 혹은 '여자가 어떤 것이 될 수 있는가', '그리고 그 여자를 다루는 남자는 과연 무엇인가'에 관한 사회적 현실을 구축함으로써 그 제작과 사용 과정을 통해 세상을 온통 포르노 천지로 만든다.

캐서린 A. 매키넌(1997).《포르노에 도전한다》

7. 청소년 성 문화 리뷰

2019년 11월 1일 서울교대에서 성교육 페스티벌이 열렸습니다. 초등젠더연구회 아웃박스의 주관으로 열린 행사인데, 제게는 꽤 의미 있는 경험의 시간이었습니다. 다양한 월경용품, 성 평등 그림책, 성관계와 자위에 필요한 용품, 아동 성폭력 상담, 임신 및 성 건강에 관한 정보, 또래 연애와 관계 존중의 교육, 그리고 성 평등 교육에 이르기까지 포괄적인 성교육의 실체를 처음 접한 시간이었습니다. 이곳에서 만났던 EVE를 다시 만나게 됐습니다.

'성'에 대한 제대로 된 보고서 하나 없는 나라. '성'을 음지의 것으로 인식하고 살아가는 현실 속에서 뻔한 이야기는 의미 없다고 생각했습니다. 솔직하게 자신의 '성' 표현한 10대들의 이야기를 듣고 싶었습니다. 그러나 대한민국 청소년의 성 문화를 제대로 조사한 보고서를 찾는 일은 결코 쉽지 않았습니다. EVE가 내놓은 〈청소년 성문 조사서〉를 처음 접했을 때, 갈증이 채워지는 느낌을 받았습니다. 훌륭한 보고서를 제작하고 공유하도록 허락해주신 주식회사 인스팅터스 박홍주 매니저에게 감사한 마음을 전합니다. 물론 필자는 자료에 대한 공유만 허락받았을 뿐, EVE와 상호간에 어떠한 금전적인 요구나 거래가 없었음을 밝힙니다.

2019년 청소년 성문 조사서

움직이는청소년센터와 금산간디고등학교, 동작청소년문화센터의 도움을 받아 EVE에서 발간됐다. 10대들에 의해 만들어진 성보고서.

질문 1. 생물학적 성 분포

생물학적 성(Biological Sex)은 생식기, 염색체, 호르몬 등 생물학적 특징을 기준으로 지정된 성별을 말합니다.

여성 48.2% | 남성 45.4% | 인터섹스 3.6% | 고민 중 1.5%
해당 없음 1.3%

질문 2. 성적 지향 분포

성적 지향(Sexual Orientation)은 특정 젠더나 성별에게 느끼는 감정적, 낭만적, 성적 이끌림을 의미합니다.

이성애 75.4% | 양성애 12% | 범성애 3.9% | 동성애 3.6%
무성애 1.1% | 해당 없음 0.7%

생물학적 성 분포 조사에서 '인터섹스'와 '고민 중'이라는 답변이 5%, 성적 지향 분포에서는 '양성애'와 '범성애', 그리고 '동성애'가 20%로 나타났습니다. 성소수자에 대한 차별이 없어져야 하는 이유를 여기서 설명하지는 않겠습니다. 다만 우리 주변에 말하지 못하는 성소수자가 매우 많다는 점을 기억해야 합니다. 과거에는 홍길동이 서자로서 아비를 아비라 부르지 못하는 슬픔을 품은 채 차별받는 삶을 살았다면 현재 대한민국에선 성소수자들이 그런 심정으로 살아가고 있습니다. 그들 또한 소중한 우리의 아들, 딸입니다.

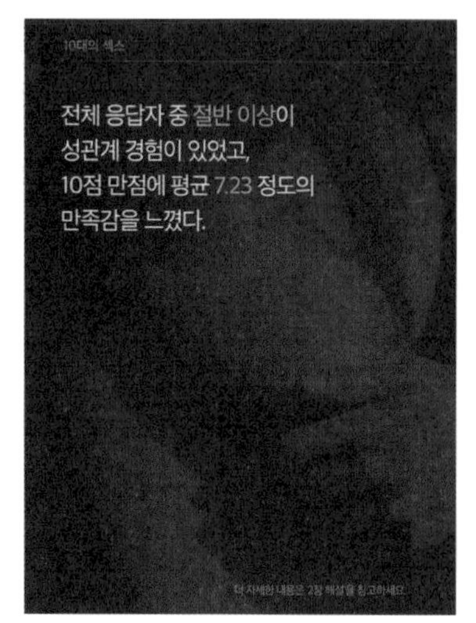
10대의 섹스
전체 응답자 중 절반 이상이
성관계 경험이 있었고,
10점 만점에 평균 7.23 정도의
만족감을 느꼈다.

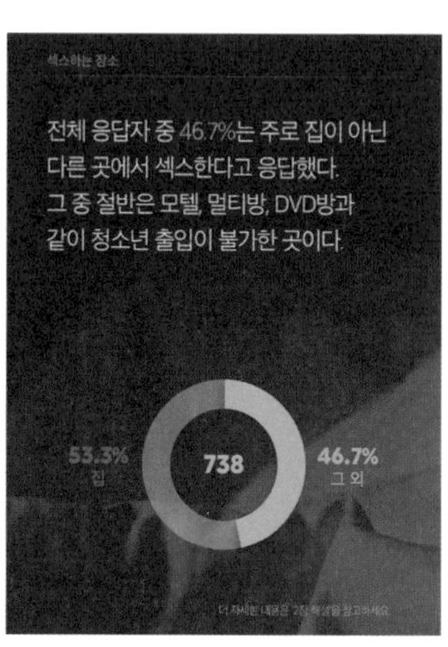
섹스하는 장소
전체 응답자 중 46.7%는 주로 집이 아닌
다른 곳에서 섹스한다고 응답했다.
그 중 절반은 모텔, 멀티방, DVD방과
같이 청소년 출입이 불가한 곳이다.
53.3%
집
738
46.7%
그 외

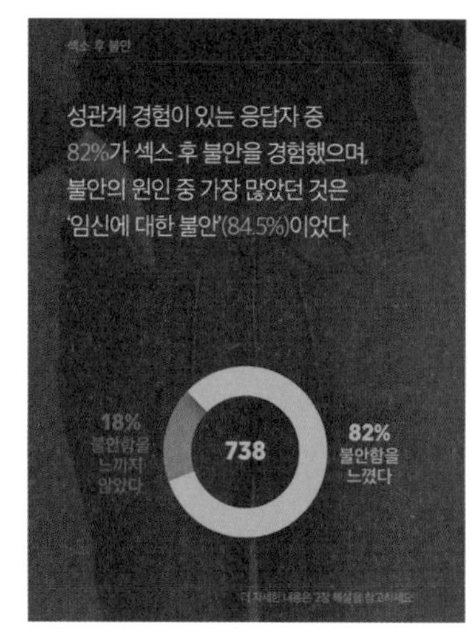
섹스 후 불안
성관계 경험이 있는 응답자 중
82%가 섹스 후 불안을 경험했으며,
불안의 원인 중 가장 많았던 것은
'임신에 대한 불안'(84.5%)이었다.
18%
불안함을
느끼지
않았다
738
82%
불안함을
느꼈다

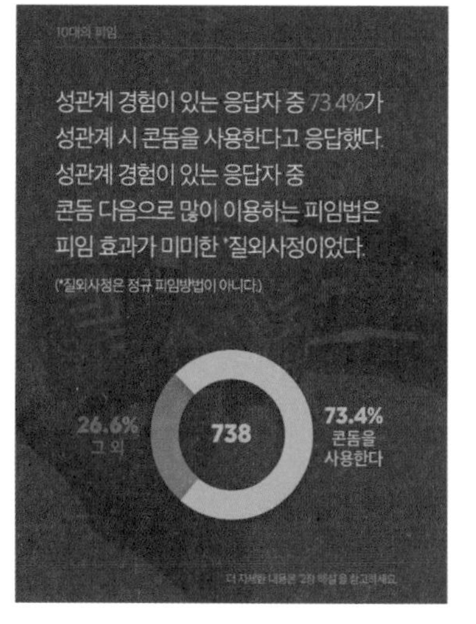
10대의 피임
성관계 경험이 있는 응답자 중 73.4%가
성관계 시 콘돔을 사용한다고 응답했다.
성관계 경험이 있는 응답자 중
콘돔 다음으로 많이 이용하는 피임법은
피임 효과가 미미한 *질외사정이었다.
(*질외사정은 정규 피임방법이 아니다.)
26.6%
그 외
738
73.4%
콘돔을
사용한다

콘돔의 이용과 구매
콘돔을 사 본 적이 있다고 응답한
605명의 10대 중 66.9%가
주로 콘돔을 구매하는 구매처로
편의점, 마트 혹은 슈퍼를 꼽았다.
33.1%
그 외
605
66.9%
편의점,
마트
더 자세한 내용은 2장 해설을 참고하세요

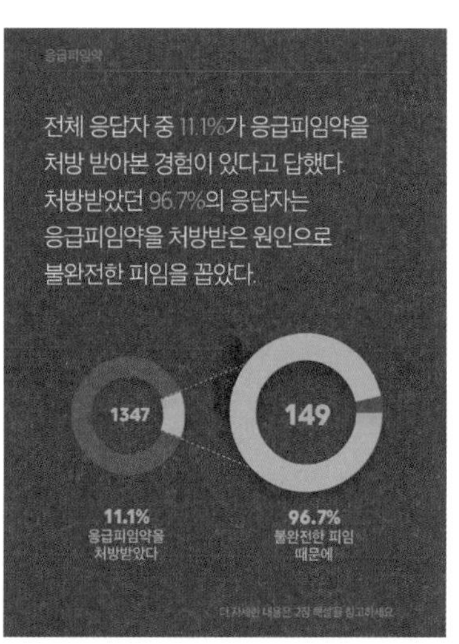
응급피임약
전체 응답자 중 11.1%가 응급피임약을
처방 받아본 경험이 있다고 답했다.
처방받았던 96.7%의 응답자는
응급피임약을 처방받은 원인으로
불완전한 피임을 꼽았다.
1347
149
11.1%
응급피임약을
처방받았다
96.7%
불완전한 피임
때문에
더 자세한 내용은 2장 해설을 참고하세요

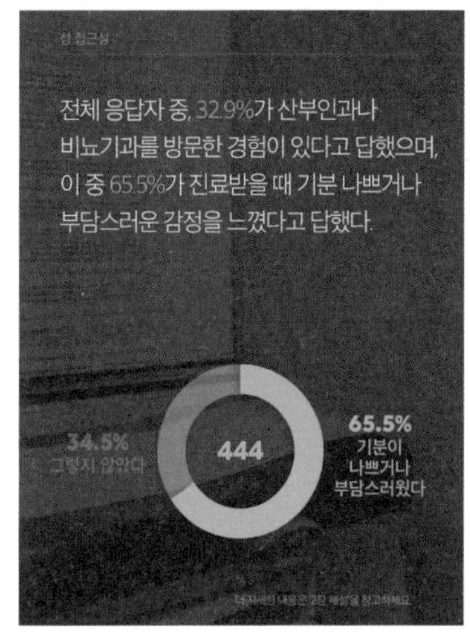
성 접근성
전체 응답자 중, 32.9%가 산부인과나
비뇨기과를 방문한 경험이 있다고 답했으며,
이 중 65.5%가 진료받을 때 기분 나쁘거나
부담스러운 감정을 느꼈다고 답했다.
34.5%
그렇지 않았다
444
65.5%
기분이
나쁘거나
부담스러웠다
더 자세한 내용은 2장 해설을 참고하세요

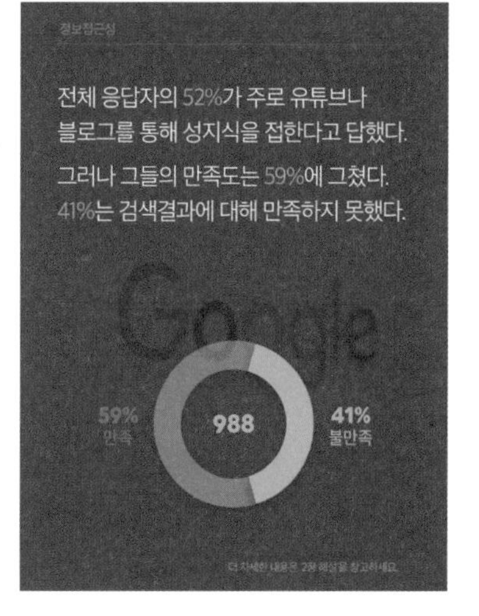
정보접근성
전체 응답자의 52%가 주로 유튜브나
블로그를 통해 성지식을 접한다고 답했다.
그러나 그들의 만족도는 59%에 그쳤다.
41%는 검색결과에 대해 만족하지 못했다.
Google
59%
만족
988
41%
불만족
더 자세한 내용은 2장 해설을 참고하세요

질문 3. 한국 나이 기준으로 몇 살인가요?

17~19세 82% | 14~16세 16.6% | 10~13세 1.4%

질문 4. 현재 살고 있는 지역은?

강원도 3.3% | 경기도 33.8% | 경상도 15.1% | 서울 25.2%
인천 6.0% | 전라도 7.5% | 제주도 0.6% | 충청도 7.7%
해외 0.8%

질문 5. 섹스해본 적이 있나요?

네 54.7% | 아니오 45.3%

에이 설마? 이렇게 많은 청소년이 성 경험을 했다고? 조사 결과의 통계 수치를 논하기보단 어른들의 생각보다 훨씬 많은 청소년이 성관계의 유혹에 놓여 있다는 사실에 중점을 두길 바랍니다. 성교육 현장에선 2021년 현재 대한민국 청소년들의 첫 성 경험 나이가 12.8세라는 조심스러운 예측이 회자되고 있습니다. 중학교 2~3학년 나이에 첫 성 경험이 이루어지고 있다는 추측이 가능합니다.

질문 6. 처음 섹스하게 된 이유가 무엇인가요?

응답자 738명 중 '서로 원해서' 75.4%(550명)가 월등하게 높았고, 나머지는 '본인이 원해서', '상대방이 원해서', '강요에 의해서' 순으로 조사됐다.

질문 7. 평소 섹스한 이후 만족감의 정도를 표현해주세요.

성관계 경험이 있는 응답자들에게 평소 성관계의 만족감을 점수로 물었을 때 평균 7.23점이 나왔다.(10점 만점)

한국인의 성생활 만족도는 과연 몇 점 정도일까요? 2017년 글로벌 섹슈얼 헬스케어 기업 '텐가'가 시장조사기업 '펜션벌랜드'에 의뢰해 조사한 결과에 따르면, 성관계 및 자위 만족도·빈도, 성적 능력, 파트너와의 교감 등을 종합 평가한 성생활 만족도 지표(The Good Sex Index)에서 한국은 40.7점으로 조사 대상 18개 국 중 17위를 차지했습니다. 조사 대상 평균은 62.3이었습니다. 한국보다 낮은 점수를 기록해 꼴찌로 조사된 나라는 일본(37.9점)이었습니다. 이 조사는 미국·영국·중국·일본 등 세계 18개 국의 18~74세 성인 남녀 1만 3000명(한국 1000명)을 대상으로 각국의 성생활 및 인식, 자위, 성교육, 건강 등을 파악하기 위해 진행됐습니다. 놀랍게도 대한민국 성인들의 성생활 만족도보다 청소년들의 성관계 만족도가 대체적으로 높게 조사됐습니다. 이에 대한 결론은 여러분 각자의 몫으로 남기고 싶습니다.

질문 8. 섹스할 때 보통 어떤 장소에서 하나요?

성관계 경험이 있다는 전체 응답자(738명) 중 53.3%(393명)가 집에서 성관계를 갖는다고 응답했다. 23.2%(171명)는 모텔·멀티방·DVD방, 그다음은 룸카페, 공공장소(예를 들어 공중화장실, 비상구 등) 순으로 조사됐다.

핵가족화되고 맞벌이하는 부부가 늘어나면서 집이 비어 있는 시간이 많아졌습니다. 이런 상황을 감안할 때 지극히 당연한 조사 결과라고 여겨집니다. 바꾸어 말하면 부모가 자녀를 24시간 지켜볼 수 없는 환경입니다. 시간과 공간의 제약을 넘어서 행동하는 청소년들이라는 점을 기억해야 합니다.

질문 9. 본인이 주로 섹스하는 장소가 불편하다고 느낀 적이 있나요?

성관계 경험이 있는 전체 응답자(738명) 중 36%(266명)가 주로 성관계를 맺는 장소가 불편하다고 응답했다.

질문 10. 그 장소에서 가장 불편한 점이 무엇인가요?

장소가 불편하다고 응답한 자(266명)들에게 가장 불편한 이유를 물었을 때, '주위 사람들의 시선이 부담스러워서'가 39.8%(106명)으로 가장 높았고, '미성년자 출입이 안 되어서', '비위생적이라서', '눕거나 앉기 힘든 장소라서', '금액이 부담스러워서' 순으로 조사됐다.

질문 11. 평소 섹스한 이후 불안했나요?

성관계 경험이 있는 전체 응답자(738명) 중 82%(605명)가 평소 성관계를 맺은 후 불안함을 느꼈다고 답했고, 그중 3.9%는 불안해서 일상생활이 불가능할 정도였다고 응답했다. 반면에 18%(133명)는 불안함을 전혀 느끼지 못했다고 응답했다.

질문 12. 어떤 이유로 가장 불안했나요?

평소 성관계를 맺은 이후 불안함을 느낀 응답자(605명) 중 84.5%(511명)가 '임신에 대한 불안감'을 가장 큰 불안으로 꼽았다. 그다음은 '성병에 대한 불안감', '막연한 불안감', '상대방과의 관계에 대한 불안감', 그리고 '시선에 대안 불안감' 순으로 조사됐다.

질문 13. 섹스할 때 콘돔을 사용하나요?

성관계 경험이 있는 전체 응답자(738명) 중 73.4%(542명)가 콘돔을 사용한다고 응답했고, 26.6%(196명)는 사용하지 않는다고 응답했다.

질문 14. 콘돔 외에 사용하는 피임법이 있나요?

콘돔 외에 사용하는 피임법을 물었을 때, 성관계 경험이 있는 전체 응답자(738명) 중 39.2%(289명)가 질외사정법을 이용한다고 응답했다. 콘돔 이외의 피임법을 사용하지 않는다고 응답한 자는 37.7%(275명)였다.

질문 15. 콘돔을 사용하지 않는 이유는 무엇인가요?

성관계 경험이 있는 전체 응답자(738명) 중 콘돔을 사용하지 않는 응답자들에게 이유를 물었을 때, 35.2%(69명)가 '느낌이 저하되어서'라고 응답했다.

질문 16. 섹스할 때 본인이 피임 의사를 밝혔는데도 상대방이 피임을 거부한 적이 있나요?

성관계 경험이 있는 전체 응답자(738명) 중 21.4%(158명)가 피임 의사를 밝혔는데 거절 당했다고 응답했다.

질문 17. 상대방이 거절한 이유는 무엇인가요?

피임 의사를 밝혔는데도 거절 당했다는 응답자(158명) 중 65.2%(103명)이 상대방이 거절한 이유에 대해 '성감이 저하되는 게 싫어서'라고 응답했다.

질문 18. 콘돔을 직접 구매해본 적이 있나요?

전체 응답자(1,348명) 중 44.9%(605명)가 콘돔을 직접 구매한 경험이 있다고 응답했으며, 55.1%(743명)는 없다고 응답했다.

질문 19. 콘돔을 주로 어디서 구매했나요?

콘돔을 직접 구매해본 응답자(605명) 중 66.9%(405명)가 편의점, 마트 혹은 슈퍼에서 콘돔을 구매했다고 응답했다. 인터넷 사이트에서 구매했다는 응답자는 9.6%(58명)로 조사됐다.

질문 20. 콘돔을 구매한 주요 목적은 무엇인가요?

콘돔을 직접 구매해본 응답자(605명) 중 84%(508명)가 '피임'을 위해 콘돔을 구매했다고 응답했다. 다음은 '호기심'이었다.

질문 21. 피임 도구를 구매하고 싶었는데 못 한 경우가 있었나요?

전체 응답자(1,348명)에게 콘돔을 비롯한 피임 도구를 구매하고 싶은데 못 했던 경우에 관해 물었을 때 27.2%(367명)가 구매하고 싶을 때 항상 잘 구매했다고 응답했다. 그러나 23.6%(318명)는 주위 사람들의 시선이 부담스러워 구매하지 못했다고 응답했다.

질문 22. 응급피임약을 처방받아본 적이 있나요?

전체 응답자(1,347명) 중 11.1%(149명)가 '있다'고 응답했다(시스템 오류로 1명은 응답에서 제외됐다).

질문 23. 응급피임약을 처방받은 이유는 무엇인가요?

응급피임약을 처방받아본 응답자(149명) 중 40.9%(61명)가 '성관계를 맺을 때 피임을 하지 못해서'라고 응답했고, 19.5%(29명)가 '피임법을 사용했는데도 불안해서'라고 응답했다.

질문 24. 응급피임약을 처방받지 않은 이유는 무엇인가요?

응급피임약을 처방받아본 경험이 없는 응답자(1198명) 중 9.5%가 응급피임약이 필요한 상황인데도 처방을 받지 못했다고 응답했다.

질문 25. 산부인과 혹은 비뇨기과에 간 적이 있나요?

전체 응답자(1,348명) 중 32.9%가 산부인과 혹은 비뇨기과에 간 경험이 있다고 응답했다.

질문 26. 산부인과 혹은 비뇨기과에 갔던 이유가 무엇인가요?

전체 응답자(1,348명) 중 48.6%(216명)가 '검진 받기 위해서'(생리통, 건강 검진 검사 등) 산부인과나 비뇨기과를 방문했다고 응답했다.

질문 27. 진료받을 때 기분 나빴거나 부담스러웠던 적이 있나요?

진료받을 때 기분 나빴거나 부담스러웠던 경험이 있다고 답한 응답자(291명) 중 30.6%(136명)가 값비싼 진료비를 이유로 꼽았다.

질문 28. 산부인과 혹은 비뇨기과에 가지 않은 이유는 무엇인가요?

산부인과 혹은 비뇨기과에 가본 적 있냐는 질문에 가보지 않았다는 응답자(904명) 중 11.2%가 방문 의지가 있었지만 가지 못했다고 응답했다.

치료 목적으로 병원에 방문한 청소년들이 진료비에 부담을 느꼈다는 것을 확인할 수 있습니다. 산부인과나 비뇨기과 진료비에 대한 지원에 대한 대책 마련이 시급합니다.

질문 29. 본인이 현재 알고 있는 성 지식은 주로 어떤 경로를 통해 알게 됐나요?

전체 응답자(1,348명) 중 52.5%(708명)가 주로 인터넷(유튜브, 블로그 등)을 통해 현재 알고 있는 성 지식을 알게 됐다고 응답했다.

질문 30. 인터넷을 통해서 성과 피임에 관한 정보를 검색해본 적이 있나요?

전체 응답자(1,346명) 중 73.4%(988명)가 인터넷을 통해 성과 피임에 관한 정보를 검색해본 경험이 있다고 응답했다.(시스템 오류로 인해 2명 응답 제외됨)

질문 31. 다음 항목 중 인터넷 검색을 통해 알아보려고 했던 정보가 무엇인가요?

피임 관련 정보 | 성병 관련 정보 | 임신 여부 및 임신중절 관련 정보
성범죄 관련 정보 | 월경 관련 정보 | 섹스 만족도를 높이기 위한 정보

인터넷 검색을 통해 알아본 정보 순위는 1위 피임 관련 정보, 2위 섹스 만족도를 높이기 위한 정보, 3위 월경 관련 정보, 4위 임신 여부 및 임신중절 관련 정보, 5위 성병 관련 정보로 나타났다. 소수 의견으로 6위 성범죄 관련 정보 순으로 조사됐다.

질문 32. 인터넷을 통해 만족스러운 결과를 얻었나요?

답변자 988명 중 59%(583명)가 인터넷을 통해 만족스러운 결과를 얻었다고 답했고, 41%(405명)는 만족스러운 결과를 얻지 못했다고 답했다.

질문 33. 만족스러운 결과를 얻지 못했을 때 어떤 방법으로 궁금증을 해소했나요?

만족스러운 결과를 얻지 못했다는 응답자(405명) 중 60%(243명)는 인터넷 외에는 다른 방법을 이용하지 않았고, 이에 궁금증을 해소하지 못했다고 응답했다.

요즘 청소년들은 학교에서 진행하는 성교육보다는 인터넷을 통해 성과 관련된 궁금증을 해소합니다. 학교에서 진행하는 성교육에서 채워지지 않는 궁금증이 존재하며, 탈학교인 청소년들은 정규 교과 성교육 대상이 되지 않기 때문에 어쩔 수 없이 인터넷을 통해 성과 피임 등에 관련된 정보를 검색하는 것으로 보입니다.

(기타 질문으로 성소수자의 정보 접근성을 조사했는데, 그 차이가 무의미해서 지면에 옮기지 않았습니다.)

기타 10대 의견

섹스는 자유다 | Sex is good | 섹스하고 싶어요

- 학교에서는 임신 과정과 남성과 여성의 성기 구조 등만을 알려주기 때문에 초등학교 6학년 때까지 임신이 어떻게 이루어지는지 몰랐고, 인터넷을 통해 배우게 됐습니다. 인터넷으로 배울 경우, 잘못된 정보를 알게 될 가능성이 크기 때문에 학교에서 더 솔직하고 구체적으로 피임과 임신이 되는 과정을 알려주었으면 좋겠습니다.

- 익명이었는데도 출생연도를 밝힌 탓에 '누군가 이 나이(청소년기)

에 섹스 경험이 있다고 비난하거나 질책하지 않을까' 하는 걱정을 무의식중에 하고 있어요. 청소년 성생활에 대해 더욱 노골적으로 솔직하고 정확하게 이야기할 수 있었으면 해요. 온전한 언어로 정확하게 나눌 수 있는 안전한 분위기, 문화, 공간이 필요해요.

- 성에 관해 궁금한 게 있어서 검색했을 때, 성인 인증을 해야 된다고 해서 결과를 찾지 못했습니다. 그런 점을 개선시켜주면 좋을 것 같아요. 섹스하면서 불편함을 느낀 적이 있지만 보기 중에 제가 불편함을 느낀 이유가 없어서 말씀드려요. 공간이 더러운 것도 아니고 좁은 것도 아닌데 누가 들어올까, 누가 볼까 불안한 마음에 섹스를 했어요. 그런 불안함 없이 편안하게 할 수 있다면 행복할 것 같아요.

- 제 또래들의 경우, 피임 방법 자체는 교육 과정 속에 이뤄지는 성교육 등을 통해서 알 수 있지만 응급피임약을 어디서 처방받을 수 있는지 알 수 없어요. 이런 문제는 물론 임신 테스트기의 정확한 사용법, 콘돔의 정확한 사용법 등을 10대들이 교육 과정을 통해서 알 수 없다는 게 문제인 것 같습니다.

자료 출처 www.evecondoms.com

“

알면 쓸데 있는 솔직한 성 이야기

8. 첫 성 경험

“당신의 첫 성 경험 상대는 누구인가요?” 갑자기 이런 질문을 던지면 대부분의 사람이 특정한 사람과의 상황을 떠올릴 겁니다. 그런데 정말 그럴까요? 사실 당신의 첫 성 경험 상대는 당신의 손입니다. 남자라면 대부분 공감할 겁니다. 물론 다른 경우도 얼마든지 있습니다. 여성들은 얼마나 이 답에 동의할까요? 사람과의 섹스, 그리고 스스로의 자위는 얼마나 다를까요? 우리에게 주는 심리적 안정감과 삶의 활력은 무엇으로부터 오는 것일까요?

섹스라고 하면 ‘성기 삽입’만 떠오르나요? 주연은 음경이고, 조연은 음순이다. 아닙니다. 이제는 ‘삽입’ 대신 ‘결합’이라고 말합시다. 음경과 음순 모두가 섹스의 주연이기 때문입니다.

영화 〈기생충〉에는 한국에선 생소하게 다뤄지는 성행위가 등장합니다. 바로 ‘클리토리스’ 애무입니다. 성기의 결합 없이 이루어지는 여성의 성을 의미 있게 표현한 장면이라고 생각합니다.

강의하면서 '클리토리스'를 모르는 여성을 만난 적이 있습니다. 결혼도 했고, 출산도 경험한 여성인데 정작 중요한 자신의 신체 부위를 모른 채 살고 있었습니다. 성교육 내용 중에 '오르가슴'을 제외하면 좋겠다는 사람도 만나봤습니다. 사랑을 가르치지 말라는 것으로 해석되는데 이분은 '천사'일까요, '악마'일까요?

'클리토리스'와 '오르가슴'이 죄입니까? 누릴 것을 제대로 누리지 못하는 사람들, 아니 엉뚱하게 해소하고자 하는 사람들이 죄인입니다.

성교육 가이드

방송통신위원회에서 창의혁신 부문 우수상으로 꼽힌 다큐멘터리 작품을 소개하고자 한다.

이렇게 훌륭한 성교육 방송은 연인끼리 부부끼리 손잡고 봐야 한다. 한 번으로 이해가 안 된다면 실습하고 다시 한 번 보도록 하자. 섹스도 공부가 필요하다.

자료 출처: mbc 충북 특집 다큐멘터리 〈아이 엠 비너스 'I am Venus'〉

9. 저주 받은 엠(M)

성적 자유가 시작되는 모습과 그 뒤를 이은 가톨릭교회와 사회의 억압을 잘 보여주는 이야기를 소개합니다. 바로 자위 행위 탄압의 역사입니다. 17세기에 생식세포가 발견되면서 시작된 이 탄압은 18세기부터 20세기까지 전 유럽에서 맹위를 떨쳤습니다. 자위를 탄압하는 것은 단순히 성 충동을 억압하는 것을 넘어서 자유를 열망하는 남녀 개인의 자율성이 커지는 현상에 대한 전통 사회의 반발이라고 할 수 있습니다.

17세기 초 네덜란드는 고품질 광학기기로 유명했습니다. 뒤이어 나타난 과학적 발견이 전부 유럽의 이 지역에서 이루어진 것은 광학기기 덕분이었습니다. 1604년 암스테르담에서 자하리아스 얀센이 현미경을 발명했습니다. 그로부터 60년 후 네덜란드 델프트에서 드 그라프가 여성 생식세포인 난소의 난포를 발견했습니다. 이를 바탕으로 여성의 난자만으로 아기가 태어난다는 난자론이 등장합니다.

남성 지배가 강했던 당시 유럽에서 여자 혼자 인간을 탄생시킨다는 이론은 거센 반발에 부딪혔습니다. 다행히도 15년 후 네덜란드의 안톤 판 레이우엔훅이 정자를 발견했습니다. 호기심 많던 그는 광학현미경을 직접 만들어서 미생물체들을 관찰하다가 세균과 미생물을 발견합니다. 그리고 남성의 정액에서 올챙이처럼 생긴 무언가를 발견하고 '극미동물(animalcule)'이란 이름을 붙였습니다. 그는 특히 그 수에 놀랐습니다. 모래알만한 공간에서 1000마리도 넘는 정자들이 분주히 움직이는 것을 목격하기도 했습니다. 정자가 발견되자 남성 중심의 질서를 옹호하는 사람들은 이미 완전한 형태를 갖춘 태아가 정자에 들어 있다고 주장했고, 난자론자들은 이런 태아가 난자에 들어 있다고 반박하면서 둘 사이에 격렬

한 논쟁이 벌어졌는데, 점차 정자론이 우세해졌습니다.

"정액 한 방울은 무수한 작은 물고기들이 이리저리 헤엄치는 너른 바다다." 네덜란드 과학자 니콜라스 하트소커는 정액 한 방울에 정자 3억 마리가 들어 있는 것을 발견했습니다. 당시 지구 총인구에 달하는 숫자였습니다. 한 방울이 그 정도인데 남성 한 명이 평생 생산해내는 정자 수를 생각한다면? 신은 왜 이렇게 헤아릴 수 없이 많은 정자를 남성에게 주었단 말인가? 여기서 종말론적 주장이 난무하게 됩니다. 만일 아담의 고환에 앞으로 태어날 모든 인류가 들어 있었다면? 오늘날 존재하는 모든 인간이, 또 앞으로 태어날 모든 인간이 그 안에 들어 있었다면? 만일 이게 사실이라면 정액을 잃는 것은 인류의 멸망이요 세상의 종말일 거라고 믿었습니다. 그렇다면 자위 행위에 의한 사정은 자살 행위나 다름없는 것이지요.

이 같은 종말론적 메시지는 성 도덕에 유달리 엄격했던 종교 개혁론자(개신교도)들에게 전달됐습니다. 자위를 금지한 최초의 사례는 18세기 초 북유럽에서 나타납니다. 이런 움직임은 한 루터파 설교자의 영향으로 시작됐습니다. 자위 행위 금지는 처음에는 신교도들에게 적용되었고, 신교도들이 주류인 네덜란드, 영국, 칼뱅주의 스위스로 번져 나갔습니다. 종교개혁의 엄격한 눈이 혼자하는 섹스를 감시하기 시작한 것입니다.

1710년 런던에서 의사라고 자칭한 사기꾼 베커스가 《오나니아》라는 책을 출간했습니다. 그는 책에서 "자가 오염"을 규탄했고, 책은 큰 성공을 거두었습니다. 사람들을 섹스로부터 치유하겠다며 한 병에 12실링 하는 자위 방지 가루를 책과 함께 팔았기 때문입니다. 베커스는 자신의 엉터리 주장을 뒷받침하기 위해 성경을 인용했습니다. 성경에는 자위에 대한 내용이 없었기 때문에 자위와 비슷하면서도 비난할 만한 행동을 찾았습니다. 바로 '오난의 죄'입니다. 그래서 오난의 이름이 변형되어 자위에 '오나니슴'이라는 이름이 붙었습니다.

성경에 따르면 이스라엘 일곱 부족의 수장인 유다에게는 엘과 오난 두 아들이 있었습니다. 맏아들 엘이 죽자, 수혼법에 따라 차남인 오난은 형수, 즉 엘의 아내 타마르(다말)와 성교를 해야 했습니다. 이렇게 태어난 아이는 법에 따라 엘의 자녀가 되는데, 이것을 원치 않은 오난은 사정하기 전에 음경을 질에서 빼내 정액을 무용지물로 만들었습니다. 하나님은 이 일을 못마땅하게 여겨 오난을 죽였습니다. 여기서 오난의 죄는 자위가 아니라 질외 사정입니다. 하지만 베커스가 자위를 오나니슴이라고 부르고 성경이 자위를 금지한다고 주장함으로써, 사회는 사춘기 소년들에게 막 생기기 시작한 성 충동을 쉽게 통제할 수 있게 됐습니다. 이리하여 성숙한 성생활을 위해 필요한 더없이 정상적이고 유용한 성 행동은 두 세기에 걸쳐 탄압받게 됩니다.

뒤이어 이 탄압을 이어간 사람은 스위스 로잔의 의사 사무엘 오귀스트 티소입니다. 천연두 치료법으로 유럽에서 명성을 떨친 그는 1758년 《자위 때문에 생기는 질병에 관한 에세이》를 출간했습니다. 이 책은 20세기 초까지 거듭 출간되며 큰 성공을 거둡니다. 이 책은 자위라는 수치스러운 행위에서 비롯된다고 본 무시무시한 폐해를 담았습니다. 그 내용을 살펴봅시다.

시계 제조공 LD는 매우 건강했다. 하지만 17살부터 자위를 시작했고, 이 나쁜 짓을 하루에 세 번까지 했다. 걱정된 티소는 그의 집을 방문했다. LD는 너무 허약해져서 꼼짝도 못 하는 상태였다. 바짝 마르고 창백해진 그는 살아 있는 사람이라기보다는 누워 있는 송장이었다. 그는 그 타락한 짓에 온 정신이 팔려서 다른 생각은 전혀 할 수 없었다. 병이 너무 깊어서 몇 주 후에 죽었다.

이런 절망적인 이미지는 이후 몇 세기에 걸쳐 청소년을 겁주며 그들이 성에 입문하는 자연스러운 도구를 사용하지 못하게 만들었습니다.

이렇게 유럽 전역에서 자위에 대한 탄압이 시작됐습니다. 처음에는 칼뱅파 신교도들이 나서고 뒤이어 가톨릭이 가세했습니다. 그리고 의사, 윤리학자, 위생학자들이 나름의 이론을 내세웠습니다. 비방이 난무하고 사람들은 앞다퉈 과격한 표현을 써가며 이 해로운 습성을 비난했습니다. "여자아이들의 타락 역시 주의해야 한다. 클리토리스는 음경과 크기가 같고 가끔은 더 크기 때문에, 여자는 다른 여자들과 더불어 클리토리스를 나쁘게 사용할 수 있다"고 고해신부들은 경고했습니다. 이들은 클리토리스가 죄의 원인이므로 자르고 불태워서 거세해야 한다고 주장했습니다. 쾌락을 여자들이 자급자족하는 것은 독립적이 됨을 뜻하는데, 이는 남자들의 입맛에 맞지 않았기 때문입니다. 자위 행위 못지않게 상상도 큰 죄라고 비난받았습니다. 성적 환상이 정숙한 성생활이라는 고결한 삶에서 멀어지게 만든다는 이유에서였습니다. 이보다 더 큰 죄는 감히 교회에서 섹스에 대해 생각하고 심지어 섹스하는 것이었습니다. 섹스에 관한 것은 아무리 사소한 일이라도 비난받아 마땅한 것이 됐습니다.

이런 식으로 병을 만들어냈으니 그 치료법도 찾아내야 했습니다. 수세기에 걸쳐 여러 치료법이 고안됐는데, 하나같이 기발하고 사악하고 가학적이고 변태적이었습니다. 일단 이 가증스러운 죄를 고백해야 한다며 고해신부는 관음증 환자처럼 집요하게 질문하면서 자백을 받아 모든 것을 알아내려 했습니다. 그다음 각종 물약과 약품으로 치료했습니다. 사람들

은 정숙함을 지키려고 녹나무에서 채취한 장뇌와 수련을 침대에 두었으며, 심지어 성기 부위에 거머리를 붙이기도 했습니다. 성기를 진정시키기 위해서 말입니다. 19세기에는 자신의 성기를 절대 만지지 못하도록 몸을 빈틈없이 감싼 반오나니슴 코르셋이 발명되어 큰 인기를 누렸고, 사춘기 소년들은 밤이면 온갖 유혹에서 보호하려고 성기에 상자를 씌웠습니다. 영국에서는 성기 부위만 단단히 밀봉하는 남성용 정조대가 발명됐습니다. 이런 방법들이 소용없으면 전기 치료와 외과 수술을 병행했는데, 효과가 대단했다고 합니다. 20세기 초에 랄르망 박사는 자위는 사회집단을 좀먹고, 부부관계를 약화시키고, 사회의 근간인 가족을 무너뜨린다고 주장했습니다.

페니미즘과 성 해방이 상당히 진전됐는데도 자위 행위는 1950년까지 금지되고 비난받으며 하지 말도록 권고됐고, 그 이후에도 여전히 교회는 자위 행위를 혐오의 대상으로 규정했습니다. 20세기 후반에 들어서야 근대 성 과학에 의해 자위 행위의 여러 가지 미덕이 입증됩니다. 자위 행위는 한 개인의 성애를 구축하는 데 매우 중요한 요소로, 평생 동안 성적으로 성숙하고 성욕을 유지하게 해준다는 것입니다. 자신의 몸을 제대로 이해하고 이루어지는 건강한 자위 행위는 남자뿐 아니라 여자에게도 필요합니다.

10. 처녀막 있다? 없다?

세계의 여러 문화는 지난 수천 년 동안 성적 순결에 극도로 집착했습니다. 여성의 할례는 이런 문화에서 발생한 악습입니다. 그런데 단지 여성의 순결에만 집착했고, 남성의 순결에는 신경 쓰지 않았습니다. 그리고 사람들은 처녀라면 첫날밤 피를 보이기 마련이라고 생각했습니다.

여성을 순수한 꽃에, '여성의 처녀성을 취하는 일'을 꽃을 꺾는 일에 비유하는 말은 의학계에서도 쓰였습니다. 여성이 첫 경험에서 피 흘리는 것을 가리켜서 '디플라워링(deflowering)', 즉 '꽃 꺾기'라고 말했습니다. 모두 한심하고 케케묵은 소리일 뿐입니다. 이런 표현은 과거 여러 시대와 문화 속에서 남성들이 여성의 성과 몸에 대한 자기 결정권을 통제하고 제약하고자 합심해서 지어낸 소리일 뿐입니다. 그런데 여성들은 고리타분한 전설과 가짜 정보 때문에 목숨까지 잃기도 했습니다. 처녀막과 피에 관한 통념이 잘못된 전설에서 생겨난 인식임을 감안하면 여성 할례 같은 상황은 반인류적인 성기 훼손에 지나지 않습니다.

속설에 따르면, 처녀막은 정조를 보장하는 일종의 봉인으로 여겨졌습니다. 처녀막은 여성이 처음 성교할 때 찢어져서 피가 나는데, 반드시 첫 경험일 때만 그렇다고 했습니다. 과거 오랫동안 사람들은 그 피를 처녀성의 증거로 숭배했습니다. 첫날밤을 치른 뒤 피 묻은 이부자리를 집 밖에 내걸어서 이웃에게 아무 문제가 없다는 것을 보여주는 관습이 있을 정도였습니다. 처녀막 신화를 한마디로 요약하면, 여성이 성교 후 피를 흘린다면 그것이 이전에 성 경험이 없다는 증거이고, 피를 흘리지 않는다면 성 경험이 있었다는 증거라는 것입니다. 하지만 대부분의 신화가 그렇듯이, 이 신화는 말짱 거짓입니다.

요즘도 사람들이 처녀막 신화를 믿는 것은, 그것을 무슨 막처럼 여기기 때문입니다. '막'이란 단어에서는 주방에서 쓰는 팽팽한 랩이 떠오릅니다. 그런 막에 구멍을 뚫으면, 폭! 하고 터집니다. 하지만 여성의 질 입구에 랩처럼 생긴 막은 존재하지 않습니다. 여성이 성 경험이 없어도 존재하지 않을 수 있습니다. 최근 들어 '처녀막은 존재하지 않는다'는 이야기

가 자주 들립니다. 질을 꽉 막은 봉니 같은 게 없다는 건 사실이지만, 그런 오해를 낳은 원인이 된 해부학적 구조가 없다는 건 사실이 아닙니다.

질 구멍 바로 안쪽에는 꼭 반지처럼 질 벽을 빙 두른 점막 주름이 있습니다. 전통적으로 처녀막이라고 불린 것은 이 주름입니다. 하지만 처녀막이라는 용어는 오해를 낳을 수 있는 용어라서 이것을 질 막이라고 부릅니다.

모든 여성은 태어날 때부터 질 막을 갖습니다. 하지만 질 막에 무슨 쓸모가 있는 것은 아닙니다. 남자의 젖꼭지와 비슷하다고 보면 됩니다. 아무 기능이 없고, 단지 우리가 배아였을 때 갖고 있던 것이 그냥 남아 있는 것뿐입니다.

질 막은 두께도 있고 너비도 있습니다. 비닐 랩처럼 얇기는커녕 두껍고 튼튼합니다. 사춘기 이전 여자아이의 질 막은 보통 한가운데 구멍이 뚫린 도넛처럼 생겼고 매끄럽습니다. 그러나 사춘기가 끝날 무렵에는 초승달 모양으로 바뀝니다. 질 막의 생김새는 천차만별입니다. 대부분의 질 막은 중앙에 구멍이 난 고리 형태입니다. 매끈한 것도 있고 주름진 것도 있지만, 후자라고 해서 성 경험이 있다는 증거는 아닙니다. 또 구멍이 중앙에 하나만 있는 게 아니라 흡사 체처럼 작은 구멍이 여러 개 뚫린 질 막도 있습니다. 또 어떤 질 막은 질벽에 작은 술들이 달린 것처럼 생겼습니다. 질 막이 질 구멍을 다 막은 경우도 소수나마 있기는 합니다. 그런 질 막은 단단하고 질겨서 나중에 생리혈이 빠져나올 구멍이 없어 문제가 되기도 합니다. 이런 여성은 보통 초경을 시작하고 난 뒤 문제를 알아차립니다. 생리혈이 질 속에 고이면 무척 아플 수도 있고, 수술이 필요할 수도 있습니다.

질은 아기를 내보낼 정도로 엄청나게 팽창했다가 수축하는 능력이 있습니다. 질 막은 질에서 가장 좁은 지점이며 유연하고 탄력성이 있으나 섹스하기에는 부족한 정도입니다. 여성이 처음 질로 섹스할 때, 질 막은 질 전체와 함께 평소보다 더 늘어납니다. 대부분 질 막이 충분히 늘어나서 순조롭게 진행되지만, 어떤 경우에는 질 막이 찢어져서 피가 조금 날 수도 있습니다. 즉, 섹스를 처음 할 때 피가 나는 여성도 있지만 그렇지 않은 여성도 있습니다. 질 막의 탄력성에 달려 있는 문제입니다. 질 구멍을 가로지르는 끈이 있어 그 끈이 찢어지는 경우가 많습니다. 섹스를 좀 거칠게 하거나 질 벽에 살짝 상처가 나서 피가 날 수도 있습니다. 이런 출혈은 여성이 처음 섹스할 때뿐만 아니라 다른 때도 발생할 수 있습니다.

간혹 의사들이 부모의 요청에 따라 딸의 처녀성을 검사해준다는 이야기가 들립니다. 하지만 법의학 전문가들은 그런 검사가 유효하지 않다고 지적합니다. 어떤 의사들은 심지어 첫날밤에 피를 흘리지 않을까 봐 걱정하는 여성들에게 처녀 증명서까지 발급해준다고 합니다. 하지만 여자아이의 질 막을 보고 성 경험 여부를 구별하기란 대개의 경우 불가능합니다. 따라서 처녀성 검사라는 건 말짱 어리석은 짓이지요. 성교 중에 질 막이 심하게 늘어나서 손상되더라도 손상이 영구적으로 남지는 않습니다. 많은 경우, 질 막은 육안으로 보이는 상처 없이 깨끗하게 낫습니다.

질 막은 성 경험이 없다는 보장이 되지 못합니다. 성 경험이 있는 여성의 질 막과 아직 성 경험이 없는 여성의 질 막이 확연히 다른 것도 아닙니다. 모든 인체 부위가 그렇듯이, 질 막의 생김새는 사람마다 다릅니다.

성교육 가이드

질의응답(우리가 궁금했던 여성 성기의 모든 것) 저자 니나 브로크만과 엘렌 스퇴겐 달의 테드 발표 영상을 공유합니다. 처녀막이라 불리던 질주름의 실체를 공부해보면 어떨까요?

자료 출처: 질주름에 대한 테드 영상

11. 오르가슴의 진실

여성들은 쾌락이 없어도, 성기에 물리적 접촉이 없어도, 질이 수축하지

않아도 오르가슴을 느낄 수 있습니다. 어떤 여성들은 그냥 따뜻하고 찌릿찌릿한 감각이 온몸으로 퍼져 나간 뒤에야 확실히 끝났다는 느낌이 든다고 말합니다. 어떤 형태든 공통점은 오르가슴을 겪으면 그게 오르가슴이라는 걸 분명히 알 수 있다는 겁니다. 만약 잘 모르겠다는 생각이 든다면 그것은 오르가슴을 아직 경험하지 못한 것이지요.

음경이 발기하는 것과 마찬가지로 여성의 성기도 흥분하면 피가 몰리고, 자극 받은 지 10~30초쯤 지나면 질이 젖기 시작합니다. 질의 길이와 지름도 1cm 이상 커집니다. 절정에 다다르면 맥박과 호흡이 빨라지고 혈압이 높아집니다. 온몸의 근육이 긴장하는 경우도 있고, 손가락과 발가락이 저절로 오그라드는 경우도 있습니다. 이것을 손발 연축이라고 부릅니다. 이런 순간에 오르가슴이 옵니다. 기분 좋은 감각이 머리부터 발끝까지 훑고 지나갑니다. 성기가 폭발하는 것처럼 느껴지고, 골반 부위 근육이 리드미컬하게 수축하며 단단해집니다. 수축은 질 아래쪽에서 시작되어 차츰 위쪽으로 퍼지면서 질 전체와 자궁을 휩씁니다. 요도와 항문 근육이 관여하는 경우도 많습니다.

여성의 오르가슴은 평균적으로 17초 정도 지속되며, 계속 자극받을 경우 연달아 여러 번 느낄 수도 있습니다. 음핵 오르가슴, 질 오르가슴, 지스팟 오르가슴, 탄트라 오르가슴, 분출 오르가슴, 상대가 발가락을 빨아줄 때 느끼는 오르가슴 등 그 종류가 다양한 것처럼 보이지만 모두 같은 오르가슴입니다. 다만 어떤 자극에 오르가슴이 발생하는가 하는 점이 다를 뿐입니다. 결국 우리 몸 전체가 성감대인 셈이지요.

분출 오르가슴의 경우, 스킨샘에서 분비된 소량의 물질을 사정으로 내놓는 경우도 있지만, 방광에 잠겨 있던 투명한 액체를 그보다 더 다량 내놓은 경우도 있습니다. 이런 현상은 여성들이 오르가슴 중에 더러 겪는 자연스러운 현상입니다. 참고로 질로만 오르가슴에 도달하는 것은 현실에선 매우 드문 경우입니다.

1960년대, 미국 워싱턴대학병원에서 부인과 전문의 윌리엄 매스터스와 연구 파트너 버지니아 E. 존슨이 여성의 성에 대한 흥미로운 실험을 했습니다. 여성이 절정에 달했을 때 질에 무슨 일이 벌어지는 알기 위한 실험 결과는 의학계에 충격으로 다가왔습니다. 이들은 실험을 통해 음핵이 여성의 오르가슴에 꼭 필요한 요소인 것을 밝혀냈습니다. 실제로 전체 여성 중에서 질 성교만으로 오르가슴을 느끼는 비율은 3분의 1도 안 됩니다.

여성의 오르가슴에 큰 영향을 미치는 첫 번째 요소는 부모의 영향력, 즉 유전입니다. 두 번째는 섹스가 이뤄지는 상황입니다. 하룻밤 상대와의 섹스에서 오르가슴을 느끼는 경우는 거의 없습니다. 미국 대학생들을 조사한 결과, 새로운 상대와 처음 성관계를 가졌을 때 오르가슴을 느낀다고 답한 사람은 10명 중 1명이었습니다. 그러나 6개월 이상 지속된 관계에서 오르가슴을 느낀다고 답한 사람은 70% 가까이 됐습니다. 오르가슴을 원한다면 여성 스스로 먼저 오르가슴을 느낄 수 있어야 합니다. 그렇다고 모든 여성이 꼭 오르가슴을 느껴야 하는 것은 아닙니다. 다만 오르가슴을 원한다면 스스로의 몸을 탐색하는 연습이 우선되어야 합니다.

12. 여성 할례의 불편한 진실

잘못된 처녀막의 신화로 인해 아직도 피해받는 여성이 많습니다. 남녀의 평등을 떠나 인간의 존엄을 해치는 행위를 보고 우리는 무슨 생각을 해야 할까요?

여성 할례는 소녀와 여성들의 권리를 침해하고 폭행하는 대표적인 악습으로 꼽힙니다. 할례를 받은 여성은 상처 부위에 대한 감염과 극심한 고통, 출산 합병증 등에 시달리게 되며, 심하면 죽음에 이르기까지 하는 사라져야 할 악습입니다. 게다가 할례를 받은 여자 아이는 성인으로 취급돼 조혼을 강요받습니다. 할례는 소녀와 여성의 권리를 침해하는 명백한 여성 폭력입니다.

'여성 할례'는 무엇인가?

'여성 할례(Female genital mutilation)'는 의료적 목적 없이 성인식이

라는 미명 아래 여성 성기의 전체 혹은 일부를 제거하거나 상처 낸 뒤 좁은 구멍만 남긴 채 봉합하는 의식을 말합니다. 여성 포경수술(female circumcision) 또는 커팅(cutting)이라고도 불리며, 대다수의 경우 미성년자들을 대상으로 실시됩니다.

여성 할례를 겪은 여성에게는 어떤 일이 생기는가?

"대소변을 조절할 수 없어요."

여성 할례는 대부분 마취, 소독, 의료 장비가 제대로 갖춰지지 않은 비위생적 환경에서 행해집니다. 이로 인해 여성들은 통증, 출혈, 용변 장애를 부르는 누공 등의 합병증을 겪기도 합니다. 특히 질과 방광 사이 또는 질과 항문 사이에 누관이 생기는 산과적 누공을 경험하는 경우, 평생 대소변을 조절하지 못하는 부작용에 시달려야 합니다.

"불결하다고 저를 떠났어요."

누공 같은 합병증이 생기면, 여성들은 '악취가 난다' '부정한 것이 흐른다'는 잘못된 사회적 편견 때문에 이웃, 가족, 배우자에게 외면 당하기 일쑤입니다. 남편에게 버림받는 경우, 기본적인 경제 생활을 영위하지 못해 생계를 위협받기도 합니다.

"끔찍한 기억이 괴롭혀요."

대부분의 경우, 어렸을 때 저항할 수 없이 결박된 상황에서 할례를 경험합니다. 따라서 성인이 되어서도 심리적 트라우마에 시달리는 경우가 흔합니다.

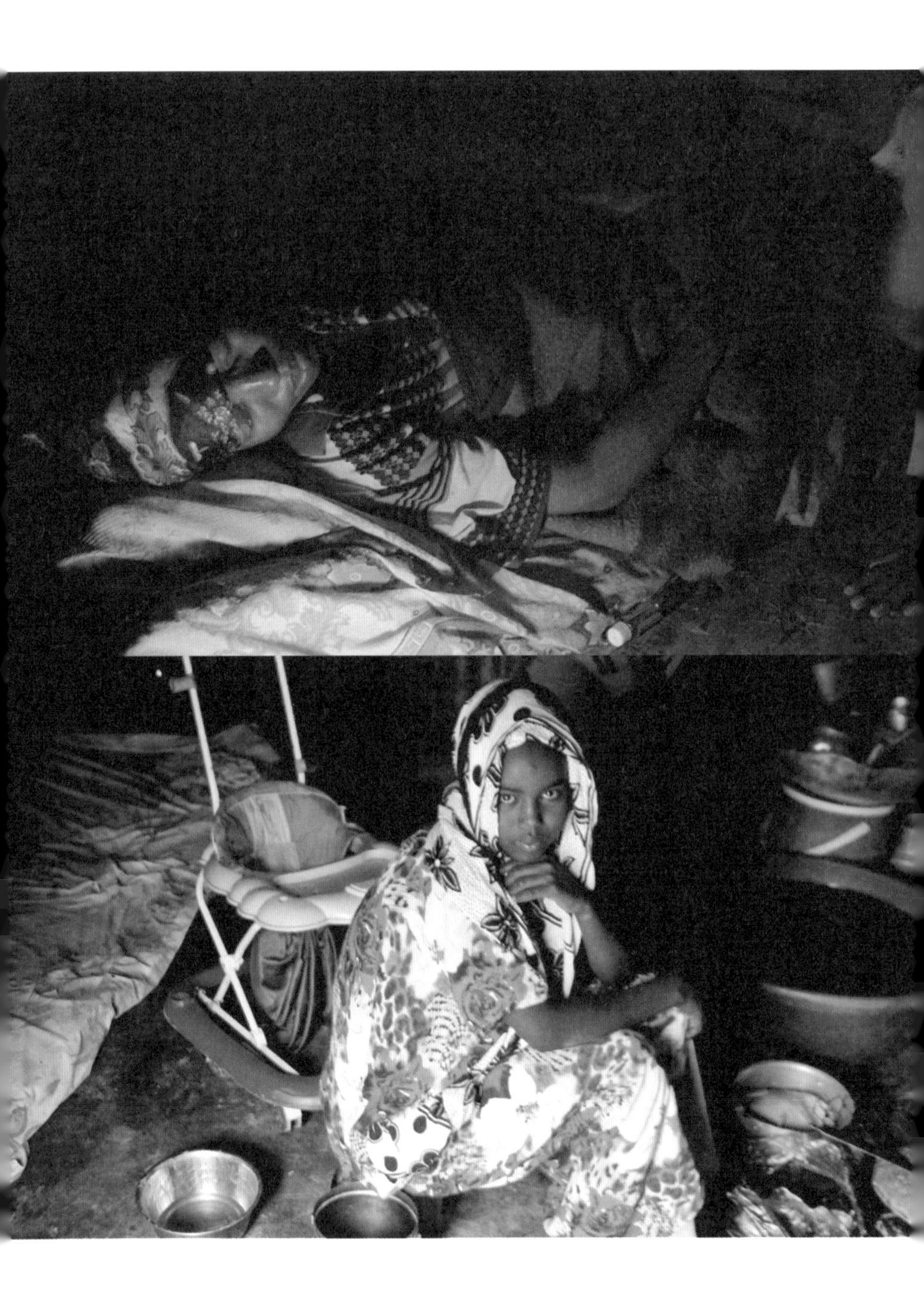

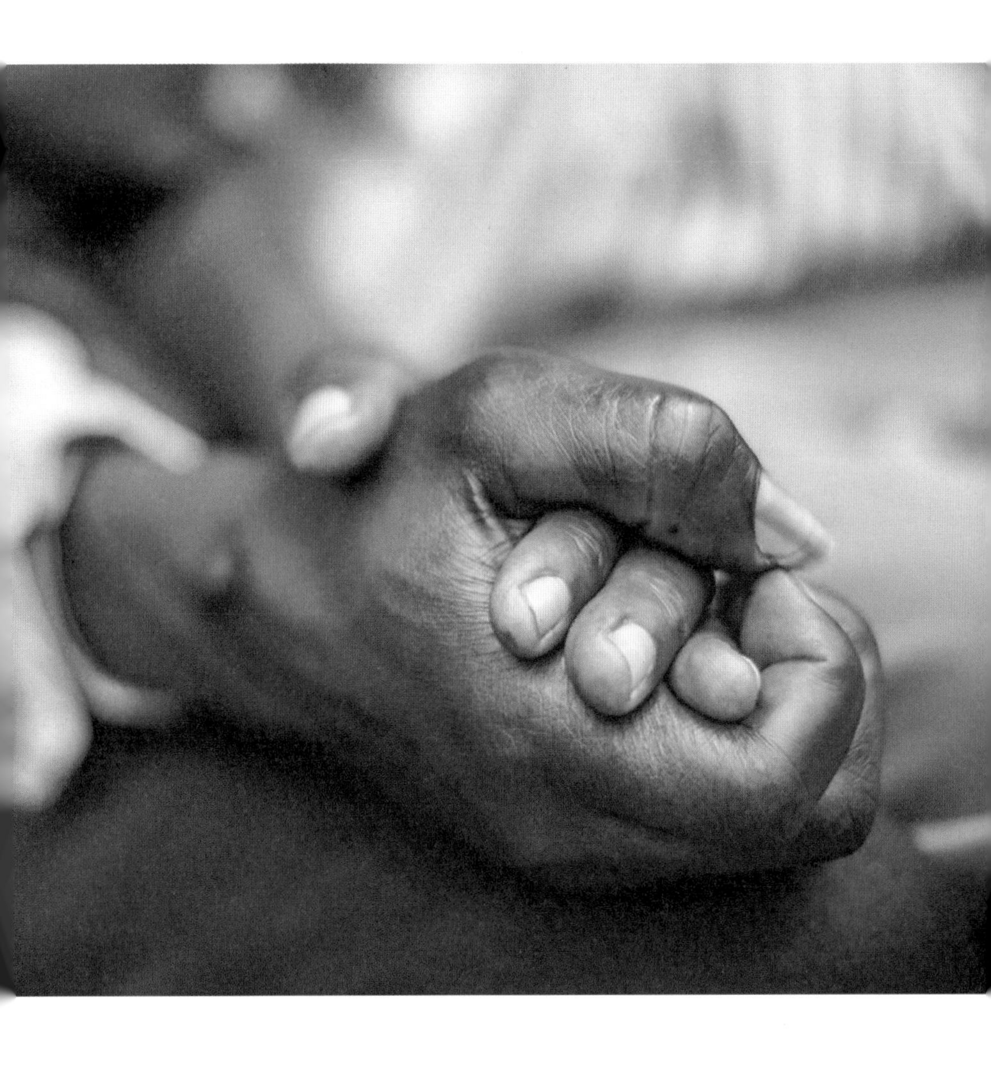

여성 할례는 어디에서 이루어지나?

여성 할례는 소말리아, 이집트, 에티오피아, 나이지리아 등 아프리카와 중동, 아시아 30개 국가에서 행해지고 있습니다. 그중 여성 할례가 가장 많이 이루어지는 나라는 아프리카 소말리아로, 여성의 98%가 할례를 경험하며, 60% 이상이 할례 의식을 지켜야 한다고 믿습니다. 최근에는 이민자들에 의해 유럽 및 미주 국가로 여성 할례가 유입되기도 했습니다. 특히 미국에서는 지난 20년간 여성 할례를 경험한 여성의 수가 세 배 증가했습니다.

얼마나 많은 여성이 할례를 당하나?

UN에 따르면 약 2억 명의 여성이 여성 할례를 경험했으며, 2013년 현재 9초에 1명, 매일 9800명, 매년 350만 명이 할례를 겪고 있습니다. 이런 상태가 2050년까지 유지된다면 전 세계 여성 인구의 3분의 1이 여성 할례가 행해지는 30개 국에서 태어나게 되는데, 이는 5억 명 이상의 여성이 여성 할례의 위험에 노출됨을 의미합니다. 특히 여성 할례 비율이 98%로 가장 높은 소말리아의 경우, 2050년 여성 인구가 두 배 증가할 것으로 예측되어 그 피해가 커질 것을 전망됩니다.

부작용에도 불구하고 여성 할례는 왜 계속되는가?

"순결한 여자가 되어야 한대요."

여성 할례가 자행되고 있는 30개 국가는 대부분 법적으로 여성 할례를 금지하고 있습니다. 그럼에도 불구하고 이 의식이 철폐되지 않는 것은 잘못된 사회적 인식 때문입니다. 부모, 지역사회 지도자, 남성들은 '어린 여성을 순결하게 만들어 결혼할 준비가 되도록 만들어준다'는 명목으로 여성 할례를 강요하거나 강압하고 있습니다.

어떻게 해야 여성 할례를 철폐할 수 있을까?

"당장 수술받고 싶어요."

"경제 활동을 하고 싶어요."

"사회의 인식이 바뀌어야 해요."

사회규범이 변하기 전까지 이 악습은 지속될 겁니다. 때문에 여성 할례를 철폐하기 위해서는 통합적이고 장기적인 접근이 필요합니다.

자료 출처: 사회복지법인 월드비전 홈페이지

13. 콘돔 교실

길을 걸어가는 여성의 가방에서 콘돔이 떨어졌습니다. 이 상황을 바라보는 시선들을 상상해봅시다. 길을 걸어가는 청소년의 주머니에서 콘돔이 떨어졌습니다. 이 상황을 바라보는 시선들을 상상해봅시다. 내 아들, 딸의 가방에서 콘돔을 보게 됐습니다. 이 상황을 바라보는 나의 시선을 상상해봅시다. 비행기에 낙하산이 있다고 비행할 때마다 낙하산을 사용하진 않습니다. 콘돔도 만약의 상황에 대비하기 위한 안전장치일 뿐입니다.

아직도 청소년은 콘돔을 살 수 없다고 생각하는 사람들이 많습니다. 청소년의 성은 아직까지도 사회적으로 금기시되고 있습니다. 그렇다고 발생하지 않는다고 생각해선 안 됩니다. 어른들의 생각보다 훨씬 많은 청소

년이 안전하지 않은 상태에서 성관계를 갖고 있습니다. 좋은 콘돔을 사줄 수 있는 부모가 되어야 합니다. 이런 부모의 행동으로 인해 자녀의 섹스 횟수가 늘어나진 않습니다. 자녀를 성적인 존재로 인정하고 존중하는 부모의 모습을 보며 오히려 자녀는 성 경험 앞에서 더욱 신중하게 생각하고 결정하게 됩니다.

참고로 술과 담배는 자판기에서 판매하지 못합니다. 만 19세 이상만 구입할 수 있기 때문입니다. 그런데 콘돔을 구입하는 데는 나이 제한이 없습니다. 그래서 지하철 등 공공장소에 설치된 자판기에서 누구든지 살 수 있습니다. 주의할 점은 콘돔에도 유통기한이 있다는 겁니다. 그리고 콘돔은 열에 약합니다. 남성의 음경에만 콘돔이 닿는 게 아닙니다. 피부보다 훨씬 연약하고 부드러운 여성의 질에 직접 닿는 피임 도구가 콘돔입니다. 남성뿐만 아니라 여성도 준비할 줄 알아야 합니다. 다만, 여성가족부는 '요철식 특수 콘돔'과 '약물 주입 콘돔'(사정 지연 콘돔)을 청소년 유해 물건으로 지정해 청소년 판매를 금지하고 있습니다.

성교육 가이드

콘돔의 올바른 사용법

1. 콘돔에 찍힌 제조일자를 확인한다. 오래된 콘돔은 잘 찢어지기 때문이다.
2. 포장을 조심스레 뜯어야 한다. 날카로운 손톱, 이, 액세서리에 콘돔이 긁히지 않도록 주의한다.
3. 음경이 딱딱해지면, 콘돔을 멕시코 솜브레로 모자처럼 그 위에 씌운다.
4. 속에 공기가 갇히면 콘돔이 터질 수 있으니, 끄트머리를 지그시 눌러서 공기를 빼낸 뒤 돌돌 말린 것을 살살 풀어 음경 끝까지 씌운다.
5. 음경을 질에서 뺄 때 콘돔도 함께 빠지도록 잘 쥐고 있어야 한다. 아니면 정자가 질로 흘러 들어갈 수 있다.
6. 임신이나 성매개감염병을 막으려면, 성관계를 맺는 동안 내내 콘돔을 착용하고 있어야 한다. 콘돔 하나를 여러 번 쓰는 것은 안 된다.
7. 평소 뒷주머니 지갑에 콘돔을 보관하는 방법은 콘돔(라텍스)을 쉽게 변질시킨다.
8. 업체가 불분명한 제품보다는 안전한 규격의 콘돔을 구입해 사용한다.

9. 사용 후 입구를 묶은 뒤 휴지에 싸서 휴지통에 버린다.
10. 변기에 버리면 큰 낭패를 볼 수 있다. 꼭 기억하자.

응급피임약

사전에 피임을 제대로 준비하지 못한 채 성관계를 가졌다면 가능한 한 빨리 산부인과를 방문해서 응급피임약을 처방받아야 합니다. 응급피임약은 관계 후 빠르게 복용할수록 피임 효과가 높아집니다. 종류에 따라 3일 혹은 5일 이내까지 복용 가능하나 12시간 이내 복용하는 것이 가장 피임 효과가 높다는 것을 기억하세요. 참고로 응급피임약의 피임 성공률은 75%에 이릅니다. 중요한 것은 100% 피임은 없다는 점입니다. 콘돔 사용의 중요성을 꼭 기억하세요.

응급피임약은 응급 상황에 먹는 피임약입니다. 호르몬 함량이 일반 경구용 피임약보다 최대 15배 이상 높기 때문에 한 번만 먹어도 구토, 부정 출혈 등 다양한 부작용을 겪을 수 있습니다. 응급피임약을 여러 번 복용하면 그 위험은 더 커지고, 난임이 될 가능성이 높아진다는 점도 잊지 말아야 합니다.

응급피임약은 일반적으로 산부인과나 내과에서 처방받을 수 있고, 야간이나 주말에는 응급실에서도 처방받을 수 있습니다. 단, 본인(여성)이 직접 방문해야 처방전이 발급된다는 것을 알아두세요. 복용 후 세 시간 이내 토했다면 즉시 1정을 다시 복용해야 합니다. 그리고 월경 예정일 이후 또는 복용 2~3주 후에는 반드시 임신 여부를 검사해야 합니다.

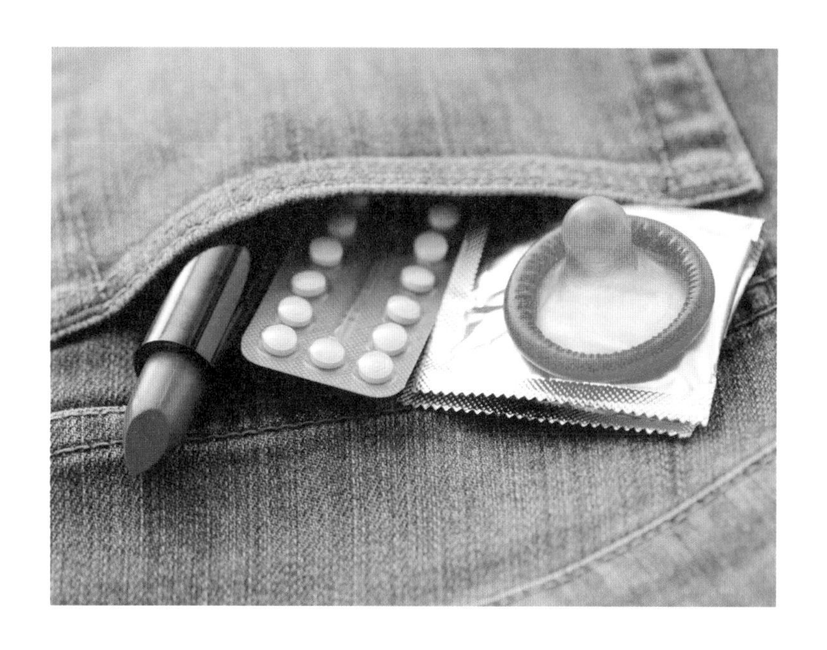

청소년이 응급피임약을 처방받는 것은 불법이 아닙니다. 무엇보다 자신의 몸을 사랑하고 건강을 지키는 일에 망설이지 말아야 합니다. 잘못된 임신은 미리 막을 수 있다는 사실을 꼭 기억하세요.

성폭력 바로 알기

14. 성폭력에 대해 얼마나 알고 계신가요?

아래 질문에 해당되면 ∨ 체크해주세요.

□ 강간이나 추행에 비해 디지털 성폭력은 심각한 피해가 아닌 것 같다.

□ 가해자는 단순히 호기심이거나 장난이었을 수 있다.

□ 피해자의 행실이 피해를 자초한 면도 있다.

□ 피해자가 피해에 비해 과도하게 고통을 호소하는 것 같다.

□ 사건 이후 당당하거나 밝은 모습을 보이는 피해자는 '진짜' 피해를 입은 것이 아닐 수도 있다.

□ 피해자가 다른 의도가 있어 피해를 고소·폭로할 수도 있다.

□ '이런 일을 겪고도 잘 살 수 있을까', '연애나 결혼이 가능할까' 걱정된다.

□ 법적·제도적 해결만이 사건의 유일한 해결 방법이다.

□ 성폭력 피해는 어쨌든 숨기는 것이 낫다.

□ 피해자는 스스로 문제를 해결해 나갈 수 있는 힘이 없을 테니, 누군가 주도적으로 나서야 한다.

몇 가지 질문을 통해 성적 가치관과 성폭력에 대한 통념을 점검해볼 수 있습니다. 위의 질문을 읽으면서 어떤 생각을 했나요? 한 문항이라도 체크했다면 성폭력 피해자에 대한 편견을 가지고 있다고 볼 수 있습니다. 우리 사회는 성폭력 가해자의 입장을 대변하면서 성폭력의 책임을 피해자에게 전가하는 행태를 당연한 듯 용인해왔습니다. 여기서 멈추지 않고 피해자의 미래를 과도하게 부정적으로 해석해서 피해자의 대응과 회복을 방해하고 성폭력의 상처를 악화시키는 2차 가해도 서슴지 않았습니다.

빈집에 도둑이 들었습니다. '집주인이 집을 비웠다.' '자물쇠를 채우지 않았다.' '집이 외진 곳에 있었다.' 이런 경우에 도둑의 잘못을 집주인에게 물어야 할까요? 모든 잘못은 남의 집 물건을 몰래 훔쳐서 달아난 도둑에게 있습니다. 성폭력도 마찬가지입니다. 어떤 경우에도 피해자의 잘못은 없습니다. 모든 잘못은 오로지 가해자의 몫입니다

성폭력 가해자는 대부분 낯선 사람이다(×)

낯선 사람이 성폭력 가해자인 경우도 있지만 이웃이나 가족, 친구, 동료 등 평소에 알고 지내던 사람이 성폭력 가해자인 경우가 80% 이상을 차지합니다. 그러나 미디어나 뉴스에서는 낯선 사람에 의해 발생하는 성폭력 사건을 주로 보도하거나 재현하기 때문에 사람들은 성폭력이 낯선 사람에 의해 더 많이 일어난다고 생각하기 쉽습니다. 이러한 생각 때문에 가깝고 친밀한 사람 사이에서 발생하는 성폭력을 잘 알아차리지 못하거나 민

감하게 반응하지 못하고, 대처하기가 더욱 어려워집니다.

성폭력은 억제할 수 없는 남성의 '충동적' 성 충동 때문에 일어난다(×)

성폭력의 원인을 남성의 '충동적' 성욕으로 설명하는 것은 성폭력이 일반적으로 가해자-피해자의 불균형한 권력 관계에서 비롯된다는 사실을 왜곡합니다. 성폭력을 '누가 왜 그런 짓을 했는가' 하는 개인적 문제로 돌릴 것이 아니라 어떤 사회 분위기와 구조 속에서 성폭력이 발생하고 묵과되는지 접근하는 것이 필요합니다. 남성의 성욕을 과장하고 관대하게 받아들이는 사회 분위기는 남성의 성폭력을 어쩔 수 없는 것으로 정당화하는데, 모든 사람은 타인에게 폭력을 행사하지 않는 방식으로 성적 욕구를 조절할 수 있으며, 그래야만 합니다.

남성은 성폭력 피해를 입지 않는다(×)

'성폭력은 여성에게만 일어난다'는 편견이 있는데, 남성도 성폭력 피해를 경험합니다. 특히 13세 이하 아동의 경우, 전체 아동 성폭력 피해자 중 10% 정도(한국성폭력상담소 2014년 상담 통계)가 남성입니다. 그러나 위와 같은 편견 때문에 성폭력을 경험한 남성은 피해를 입었다는 사실을 받아들이기 어려워하거나 드러내놓고 문제를 제기하지 못하는 경우가 많습니다. 남성의 피해라고 해서 결코 사소하게 생각해서는 안 됩니다.

여자들의 야한 옷차림과 조심성 없는 행동이 성폭력을 유발한다(×)

노출이 많은 옷을 입는 여름이나 밤늦은 시간에 성폭력이 특별히 더 많이 발생하는 것은 아닙니다. 이러한 통념 때문에 여성들의 몸과 행동을 제한하는 것은 부적절합니다. 그보다는 어떤 사회 분위기가 특정한 폭력의 책임을 피해자에게 묻게 만드는지 고민해볼 필요가 있습니다. 유독 성폭력에 대해서만 피해자에게 혐의를 두는 것은 남성의 성욕이 성폭력으로 이어진다는 편견과 관용적 시선, 여성에게 순결과 정숙을 강요하는 성규범이 바탕이 됩니다. 성폭력을 이야기하면서 피해자의 행동이나 외모와 관련시키는 것은 성폭력의 원인을 피해자에게 돌려 2차 피해를 줄 뿐입니다. 성폭력의 원인으로 가해자-피해자의 권력 관계, 한국 사회의 성규범 같은 사회적 문제를 고민해야 합니다.

성폭력으로 인한 상처는 치유되기 어렵다(×)

성폭력을 경험하면 신체적·심리적으로 어려움을 겪을 수 있지만, 성폭력 피해자의 고통은 '평생 고통 속에서 살아갈 것이라는' 주변 사람들의 반응과 시선 때문에 더욱 가중되는 경향이 있습니다. 적절한 개입과 상담을 통해 성폭력으로 인한 어려움을 극복할 수 있으며, 성폭력 피해자를 험한 일을 겪은 대상으로 불쌍하게 바라보는 대신, 피해자가 고립되지 않고 상황을 헤쳐 나갈 수 있도록 탄탄한 사회적 지원 체계를 만드는 것이 필요합니다.

성교육 가이드

성폭력 피해 직후 대처 방법

1. 믿을 만한 친구, 가족에게 연락하거나 경찰 또는 여성긴급전화(1366)로 도움을 요청하세요.

2. 증거 자료를 보존하세요.

- 증거 확보를 위해 샤워나 목욕, 질 세척, 손, 이 등을 닦지 마세요.
- 화장실에 가지 말고, 당시 입었던 옷을 없애지 마세요.

3. 24시간 이내에 병원에 찾아가 진단을 받으세요.

산부인과

- 정액 채취 및 음모 채취, 질 파열이나 열상, 처녀막 손상 여부 검사, 성매개감염병 감염 여부, 임신 여부 검사나 임신 방지를 위한 의료 조치를 받습니다.

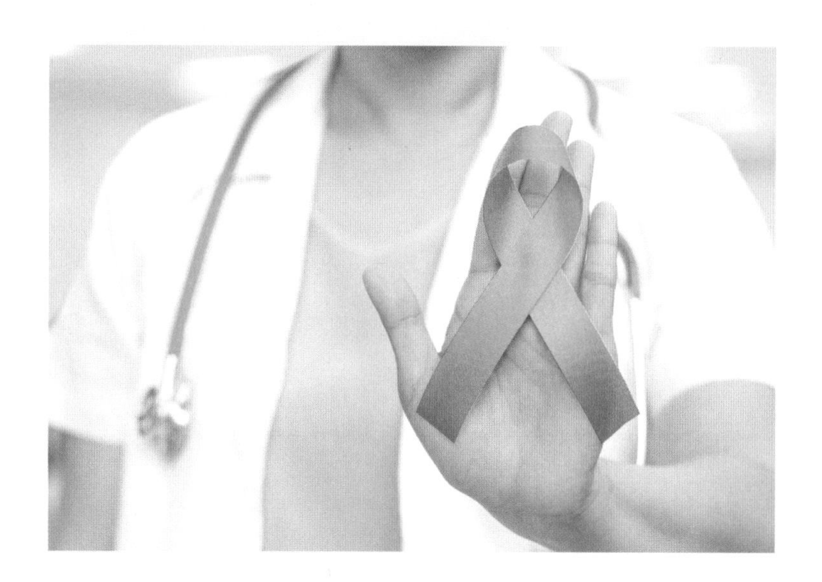

외과

- 외상 검진, 외상 사진 촬영 등 신체적인 상해 상태를 봅니다.
- 기억이 희미해지기 전에 피해 당시의 상황을 육하원칙에 따라 자세히 기록해두세요.

15. 친구가 성폭력을 겪었어요. 어떻게 해야 하나요?

피해를 겪은 친구의 든든한 버팀목이 되어주세요

성폭력 피해를 경험한 친구는 무척 혼란스럽고 불안한 시간을 보내고 있을 겁니다. 친구가 당신을 믿고 의지할 수 있도록 따뜻하게 위로하고 감싸주세요. 자신을 이해하고 공감해주는 사람, 문제가 해결되기까지 함께해주는 사람의 존재는 힘든 시기를 이겨낼 수 있는 큰 힘이 됩니다.

"네가 잘못해서 생긴 일이 아니야"라고 말해주세요

친구가 죄책감 때문에 힘들어할 때마다 네 잘못이 아니라고 말해주세요. 성폭력 가해자는 피해 경험자를 탓하며 자기 잘못을 떠넘기려고 합니다. 하지만 가해자가 잘못을 저지르지 않았다면 피해는 생기지 않았을 거예요. 친구가 혼란스러워할 때마다 몇 번이고 거듭 "네가 잘못해서 생긴 일이 아니야"라고 말해주세요.

친구가 겪은 피해를 다른 사람에게 말하지 마세요

친구가 주위에 피해 경험을 알리기 바라지 않는다면 그 결정을 존중해주세요. 친구가 바라지 않는다면 누구에게도 겪은 피해를 전해서는 안 됩니다. 나의 이야기가 나도 모르는 사이에 퍼질지 모른다고 생각하면, 친구는 아무에게도 마음을 털어놓지 못할 거예요. 성폭력 피해를 겪은 친구에게 가장 필요한 존재는 믿고 의지할 수 있는 상대입니다. 친구에게 그

런 소중한 존재가 되어주세요.

가해자를 편들지 않습니다

성폭력은 사람의 몸과 마음에 상처를 내고자 하는 가해자의 범죄입니다. 그 누구도 어떤 행동에 대한 결과로 성폭력을 당해서는 안 된다는 사실을 꼭 기억하세요. 피해를 겪은 친구는 이 상황이 해결되기까지 어렵고 힘든 일들을 해내야 합니다. 친구가 그 일을 잘 해낼 수 있도록 곁에서 한없이 응원해주세요.

16. 더 위험한 디지털 성폭력

스마트폰, 태플릿PC, 디지털카메라 등 전자기기를 이용해서 저지르는 성폭력을 디지털 성폭력이라고 부릅니다. 다른 사람의 몸을 허락받지 않고 하는 촬영, 다른 사람의 사진을 인터넷이나 단체 채팅방에 올리겠다는 협박, 다른 사람을 찍은 사진이나 영상 등을 허락받지 않고 퍼트리는 것, 인터넷 공간에서 댓글이나 채팅으로 누군가를 성적으로 괴롭히는 것 모두 법에 따라 처벌받을 수 있는 행동입니다.

디지털 성범죄는 사이버 공간이라는 특성상 익명성이 보장되기 때문에 중대범죄라는 경각심 및 죄책감이 낮아지는 문제가 있습니다. 이런 이유로 SNS를 통한 불법 촬영물 공유, 이를 이용한 강요나 협박 같은 성범죄가 늘어나고 있습니다. 이러한 불법 촬영물은 전파력이 커서 순식간에 다수의 사람들과 인터넷 공간으로 유포되어 피해가 확산되기 쉽습니다. 최근에는 역할 분담을 통한 '조직화'가 이루어져 가상화폐를 통한 대규모 범죄 수익을 얻는 등 거대한 범죄 사업이 됐습니다.

특히 최근 들어 디지털 성범죄의 양상과 유형은 더욱 다양화되고 있습니다. 언어를 통한 성희롱, 성 착취물 전파, 스토킹, 불법 촬영 · 합성을 통한 사진 및 영상물 유포 또는 협박, 강요 · 협박을 통한 지속적 성범죄, 온라인 그루밍 등 다양한 유형의 디지털 성범죄가 행해지고 있습니다. 게다가 사이버 공간이라는 쉬운 접근성을 바탕으로 아동 및 청소년들이 디지털 성범죄에 노출되기 쉬운 환경이 갖춰져 있습니다. 이런 이유로 아동 및 청소년들이 디지털 성범죄의 가해자와 피해자로 등장하는 사건과 사고가 다수 발생하고 있습니다. 어린 나이부터 디지털기기 사용 예절 등 기본적인 에티켓을 실천하도록 가르쳐야 합니다.

디지털 성범죄 유형

불법 촬영

다른 사람의 신체를 허락받지 않고 촬영하는 것은 범죄입니다. 예전에는 몰카(몰래카메라)라고 했지만, 범죄의 심각성에 대한 인식이 높아지면서 합법적이지 않은 촬영이라는 의미로 '불법 촬영'으로 불리고 있습니다. 다른 디지털 성범죄 유형으로 이어지기 쉬운 '불법 촬영'은 청소년들이 범죄라는 사실을 인지하지 못한 채 단순히 재미를 위한 장난으로 쉽게 저지를 수 있는 범죄입니다.

비동의 유포

'비동의 유포'는 동의 없이(=비동의) 퍼뜨린다(=유포)는 뜻입니다. 본인이 제작한 불법 촬영물(사진, 영상 등)이나 타인으로부터 전달받은 불법 촬영물을 SNS(카카오톡, 라인, 페이스북, 인스타그램 등)나 사이버 공간(블로그, 게시판 등)에 퍼뜨리는 범죄인 '비동의 유포'뿐만 아니라 본인 스스로 자신의 신체를 찍어 사이버 공간에 유포하는 행위도 처벌을 피할 수 없는 범죄입니다.

유포 협박

사이버 공간에 불법 촬영 내용을 유포하겠다고 협박해서 피해 당사자나 그 친족의 생명, 신체, 자유, 명예에 위해를 가하는 범죄입니다. 가해자의 금전적 이익 유무와 상관없이 피해자가 가해자로부터 불법 촬영물 유포에 대한 공포심을 느꼈다면 '유포 협박'에 해당합니다. 또한 본인 스스로 특정 신체 부위 사진이나 음란 행위 영상물을 올린 경우라

도 그 영상물을 유포하겠다고 위협하며 당사자에게 공포심을 느끼게 하는 경우, '유포 협박'에 해당합니다.

온라인 그루밍

그루밍(grooming)은 '길들이기'라는 뜻입니다. 온라인 그루밍 가해자는 SNS, 채팅 앱 등 사이버 공간에서 다정한 말로 피해자의 환심을 사며 피해자와 신뢰 관계를 형성합니다. 그러다가 피해자의 얼굴, 신체 사진, 개인정보 등을 요구하고, 피해자의 개인정보가 어느 정도 쌓인 순간 '유포 협박'을 하며 알몸 사진, 음란 영상 촬영, 성관계 등을 강요하는 범죄입니다. 사이버 공간에서 알게 된 사람에게 친밀감을 쉽게 느끼는 청소년들의 특징을 볼 때 온라인 그루밍은 청소년들이 특히 조심해야 하는 디지털 성범죄 유형 중 하나입니다.

합성물 제작

누군가의 사진에 알몸 사진 또는 몹시 기분 나쁜 성적 이미지를 합성시킨 사진을 만드는 것도 사이버 성폭력입니다. 사진뿐만 아니라 움직이는 영상도 마찬가지입니다. 만약 이런 합성물을 제작해 주위에 퍼뜨리거나 인터넷 사이트에 올린다면 '유포'라는 범죄가 더해집니다.

사이버 공간 내 언어 성폭력

사이버 공간에서의 언어 성폭력은 무척 흔하게 발견됩니다. 예를 들어, 인터넷에 올라온 유명한 사람의 기사에 달린 악플들은 단순히 '나쁜' 댓글이 아니라 언어 성폭력인 경우가 많습니다. 성적 내용을 담아 상대방을 헐뜯으며 모욕하는 댓글을 다는 사람들은 '악플러'라기보다 언어 성폭력을 저지르는 사람이라고 이해해야 합니다. 이 같은 언어 성폭력은 성적인 거짓 사실을 바탕으로 하는 경우가 대부분입니다.

성적 이미지 전송

상대방이 보고 싶어 하지 않는 성적 이미지나 영상, 링크 등을 메신저 등으로 보내는 것은 장난이 아니라 괴롭힘입니다. 청소년의 경우, 단순히 장난 삼아 친구에게 성적 사진이나 영상을 보내는 경우가 있는데 전송하는 사진이나 동영상이 불법 촬영물이 아니더라도 상대방이 원치 않는다면 엄연히 범죄 행위입니다. 물론 보내달라고 요청하는 것도 문제입니다. 다른 사람의 인격을 존중하지 않는 이미지와 영상물은 볼거리가 아니라는 점을 반드시 기억해야 합니다.

개인정보 도용 · 사칭

다른 사람의 이름이나 사진을 마치 자기 것처럼 가져다 쓰는 행동, 특히 그 사람인 척하면서 성적인 게시물을 올리거나 다른 사람에게 성적인 메시지를 보내며 인간관계를 만드는 것도 사이버 성폭력입니다. 이런 행동은 실제 인물을 큰 위험에 빠트릴 수 있습니다.

성교육 가이드

디지털 성범죄 예방·대처법

개인정보 언급 삼가기

개인 신상 추정이 가능한 실명, 주소, 전화번호 등 정보는 절대 전달하지 않습니다.

무리하게 친절하지 않기

대화 중 불쾌하거나 수상한 점이 있다면 대화에 응하지 않습니다.
(차단 또는 신고하기)

신체 부위 사진 전송 요청 거절하기

친해진 사람이 특정 신체 부위 사진을 전송해달라고 요청하면 즉시 거절하고 신고합니다.

사적으로 만나자는 요구 거절하기

온라인상으로 만난 사람의 실제 정체를 알 수 없으니 실제로 만나자는 요구는 거절합니다.

수상한 사람 거부 및 차단

수상한 사람으로 생각되면 캡처 등 증거를 남기고 수신 거부 및 차단을 합니다.

혹시 누군가로부터 협박을 받고 있다면 본인의 잘못이 아닙니다. 가해자를 유추할 수 있는 최소한의 정보가 있다면 신고해서 전문가의 도움을 받을 수 있습니다. 가능한 한 많은 증거를 수집해 디지털성범죄피해자지원센터 또는 해바라기센터, 사이버경찰청에 신고합니다. 디지털성범죄피해자지원센터에서 지속적인 상담과 피해 촬영물에 대한 삭제 지원을 받을 수 있습니다. 또한 기존 성폭력 피해자 지원 제도와 관련 피해 지원 기관과 연계해 피해자가 원하는 수사와 법률 등의 지원, 의료·심리 치유 지원, 쉼터로의 연결 등도 지원하고 있습니다.

디지털성범죄피해자지원센터

02-735-8994(365일 24시간)

여성 긴급 전화

1366(365일 24시간)

17. 데이트 폭력과 스토킹

데이트 폭력이란?

데이트 폭력은 데이트 관계에서 발생하는 언어적·정서적·경제적·성적·신체적 폭력을 말합니다. 헤어지자는 연인의 요청을 거부하거나, 이별하더라도 집요하게 스토킹으로 이어지는 경우가 많은데, 이 역시 명백한 데이트 폭력에 속합니다.

데이트 관계란 좁게는 데이트 또는 연애를 목적으로 만나고 있거나 만난 적이 있는 관계와 넓게는 맞선, 부킹, 소개팅, 채팅 등을 통해 그 가능성을 인정하고 만나는 관계까지 포괄하며 사귀는 것은 아니나 호감을 갖고 있는 상태, 즉 '썸 타는 관계'까지 포함합니다.

데이트 폭력은 아내 폭력과 마찬가지로 단 한 번의 폭력으로 끝나지 않고 오랜 기간 폭력에 노출되는 경우가 많습니다. 때리면서도 사랑한다고 말하는 가해자의 반복적 행동은 사랑하기 때문에 때리는 것이고 집착하는 것이라고 믿게 만듭니다. 그래서 피해자들은 '때리는 거 하나만 빼면 참 괜찮은 사람'이라는 생각을 갖게 되고, 이런 믿음은 폭력에서 벗어나는 것을 어렵게 만들기도 합니다.

스토킹이란?

스토킹이란 상대의 의사에 반해 지속적 또는 반복적으로 괴롭히는 행위를 말합니다. 계속 만날 것을 강요하거나, 성관계 사실을 공개한다고 협박하거나, 행동 제한 및 생활 공간을 침범하는 행위 등이 있습니다.

법에서 정의하는 데이트 폭력은?

현재 데이트 폭력과 관련하여 별도의 법 제도가 마련되어 있지는 않습니다. 가해자에 대하여 형법, 성폭력처벌법, 경범죄처벌법, 기타 특별 형법에 따른 처벌만 가능합니다.

자료 출처: 데이트 폭력 대응을 위한 안내서(한국여성의전화)

2018년 여성 폭력 관련 시설 종사자 보수교육 교재(송문숙) 발췌

성교육 가이드

올바른 동의의 원칙만 이해하고 실천해도 데이트 폭력 및 스토킹을 사전에 막을 수 있습니다. 상대방의 동의를 구하지 않고 일방적으로 행동하는 것은 범죄입니다.

동의의 원칙

1. 동의는 온전한 개인으로서의 존중, 소통과 배려가 전제되어야 한다.
2. 'Yes or No'만 문제 삼지 않는다.
3. 동의의 맥락과 조건이 중요하다.
4. 개인의 자율권과 관련된 모든 행위가 동의의 대상이다.
5. 동의는 매번 확인되어야 한다.
6. 동의는 언제든지 철회될 수 있다.

이런 성교육이 필요하다

18. 미성년자와 합의된 성관계도 처벌받나요?(의제강간)

이른바 'n번방', '박사방' 등 우리나라를 분노하게 만든 사건이 있었습니다. 그 후 디지털 성범죄 처벌을 강화하기 위한 법 개정안이 2020년 5월 19일부터 시행됐습니다. 개정 전 법으로는 n번방 관련자들을 주범이 아닌 이상 사실상 처벌할 수 없다는 점과 기존에는 아동·청소년의 성보호에 관한 법률에 따라서 아동·청소년 이용 음란물에 대해서만 처벌이 가능한 점이 허점으로 지적됐습니다.

개정된 법안의 주요 내용은 다음과 같습니다. 아동·청소년을 대상으로 한 경우뿐만 아니라 성인을 대상으로 한 불법 성적 촬영물을 소지·구입·저장 또는 시청한 자는 3년 이하의 징역, 3000만 원 이하의 벌금에 처해지고, 자신의 신체를 직접 촬영했더라도 촬영물을 본인의 의사에 반하여 유포한 경우에는 처벌되며, 특수강도강간 등을 예비·음모한 사람도 처벌됩니다. 이로 인해 앞으로는 디지털 성범죄와 관련하여 더욱더 엄한 처벌이 내려질 가능성이 높아졌습니다.

이번 개정안에서는 아동·청소년을 범죄의 표적으로 삼아 길들여 행해지는 온라인 그루밍도 처벌하고, 경찰의 잠입수사 입법을 추진한다는 내용이 포함됐습니다. 또한 미성년자와의 성관계를 처벌하는 기준도 강화됐습니다.

미성년자와 합의된 성관계를 하는 경우

미성년자와 합의된 성관계를 하는 경우에는 미성년자의 연령에 따라서 처벌을 받을 수도 있고, 처벌을 받지 않을 수도 있습니다. 최근 n번방 사건의 피해자들이 대부분 청소년을 대상으로 한 온라인 그루밍의 피해자들임이 드러나면서 '의제강간'의 연령을 높여야 한다는 목소리가 커졌습니다. 그 영향으로 이번 개정 법안에선 '의제강간'의 연령이 확대됐습니다.

형법 제305조(미성년자에 대한 간음, 추행)

① 13세 미만의 사람에 대하여 간음 또는 추행을 한 자는 제297조, 제297조의2, 제298조, 제301조 또는 제301조의2의 예에 의한다.

② 13세 이상 16세 미만의 사람에 대하여 간음 또는 추행을 한 19세 이상의 자는 제197조, 제297조의2, 제298조, 제301조 또는 제301조의 2의 예에 의한다.

의제강간이란, 성교 동의 연령(age of consent)을 넘지 않은 미성년자와 성관계를 할 경우 미성년자의 동의 여부와 상관없이 무조건 강간으로 보아 처벌하는 것을 말합니다. 지난해 텔레그램 n번방 성범죄 사건을 계기

로 미성년자의 심리적 의존성을 이용하는 '그루밍' 성범죄가 주목받으면서 의제강간 연령이 만 13세 미만에서 만 16세 미만으로 상향 조정됐습니다. 개정법에 따라 이제 16세 미만의 남녀와 성관계를 한 19세 이상의 남녀는 무조건 처벌 대상이 됩니다.

아동·청소년 성폭력 범죄에서는 특히나 '그루밍' 수법에 의한 성폭력이 두드러지게 나타납니다. 그루밍은 '가해자가 피해자를 길들여 성폭력을 용이하게 하거나 은폐하는 행위'를 말합니다. 그루밍은 피해자를 고르고, 피해자의 신뢰를 얻고, 피해자의 욕구를 충족시켜, 고립시킨 후, 관계

를 성적으로 만들고, 통제를 유지하는 총 6단계로 이루어집니다. 고민 상담을 해준다거나, 경제적 지원을 약속하거나, 아르바이트를 소개해준다는 등의 방식으로 접근해 경계심을 무너뜨리고 신뢰 관계를 쌓은 후 가해자들은 피해자에게 성적인 사진이나 영상을 요구합니다. 그러다 피해자가 이에 응하지 않으면 해당 사실을 주변에 알리겠다고 협박해서 성 착취를 행합니다.

박사라고 불린 조주빈 역시 금전이 필요한 여성들에게 아르바이트를 소개해준다며 신상정보를 알아내거나, SNS 계정을 해킹하는 방법으로 신상정보를 알아낸 뒤 협박해 성 착취물을 촬영할 것을 강요했습니다.

그동안 온라인 그루밍을 처벌하기 힘들었던 이유는 표면적으로 성관계에 동의한 것처럼 보였기 때문입니다. 그렇기 때문에 해당 상황에 마땅히 적용할 만한 법규가 없었습니다. 개정 전 의제강간 연령이 만 13세 미만의 미성년자였기 때문에 더욱더 처벌이 어려웠습니다. 관련 법의 개정으로 인해 의제강간 연령이 만 13세에서 만 16세로 확대됨에 따라 온라인 그루밍 또한 처벌할 가능성이 확대됐습니다.

성범죄의 경우, 형사 처벌뿐만 아니라 신상정보 등록부터 공개 및 고지, 아동 청소년 관련 기관에의 취업 제한, 성범죄 교육 이수, 위치 추적 전자장치 부착, 성 충동 약물 치료 등 매우 다양한 보안처분이 행해집니다. 성범죄의 경우 취직할 때 다른 범죄와 달리 유난히 제약이 많습니다. 공무원은 물론이고 아동 청소년 관련 기관 취업이 제한됩니다.

범죄자 취업 제한 기관에는 유치원, 초·중·고등학교, 학원, 교습소, 개인 과외 교습자, 청소년 활동 시설, 청소년 상담 복지 센터 및 청소년 쉼터, 청소년 보호·재활 센터, 어린이집, 아동 복지 시설, 성매매 피해 상담소, 공동주택 관리사무소, 게임시설 제공업소, 청소년실을 갖춘 노래연습장, 청소년 활동 기획업소, 대중문화예술 기획업소, 체육시설, 의료기관, 가정방문 학습지 교사 등이 있습니다. 예를 들면 PC방, 수영장, 헬스장, 도서관, 미술관, 영화관 등의 기관에 취업할 수 없습니다. 재직 중 이런 범죄를 저지른다면 즉시 해임될 수 있고, 해임을 거부하거나 1개월 이내 미이행 시 1000만 원 이하의 과태료가 부과됩니다.

자료 출처 : 법무법인 영우 임광훈 변호사

성관계는 반드시 상호 동의가 전제되어야 합니다. 진정한 상호 동의가 이루어지기 위해서는 당사자 모두 건강한 성적 자기 결정권을 주장할 줄 알아야 합니다. 그러나 성인과 미성년자의 관계는 위계 관계를 바탕으로 형성된 기울어진 운동장이나 마찬가지입니다. 이런 상황에서의 '동의'는 진정한 의미의 '동의'라고 보기엔 무리가 있습니다. 다만 14세와 18세 연인의 성관계나 15세와 19세 연인의 성관계가 각기 다른 법의 적용을 받는다는 것은 분쟁의 소지가 있습니다. 다소 아쉬운 부분입니다.

세계 180개 국가 중 의제강간 연령은 16세가 73개 국으로 가장 많고, 18세가 40개 국, 14세가 24개 국입니다. 온라인을 통한 그루밍 성범죄의 심각성이 드러나면서 나라마다 의제강간 연령을 상향하려는 움직임은 더욱 활발해지고 있습니다.

자료 출처: 프레시안

19. 성매매 청소년

언론이나 대중매체는 청소년 성매매를 흔히 소수 비행청소년이나 학원 폭력과 연관된 문제로 다룹니다. 특히 가출 청소년들은 청소년 성매매의 위험집단으로 분류됩니다. 하지만 청소년들이 가출하는 데 영향을 미치는 요인은 다양하고, 가출한 뒤에 모두 성매매에 빠지는 것도 아닙니다. 그렇다면 그 차이를 만드는 요인은 무엇일까요? 청소년들을 성매매라는 극단

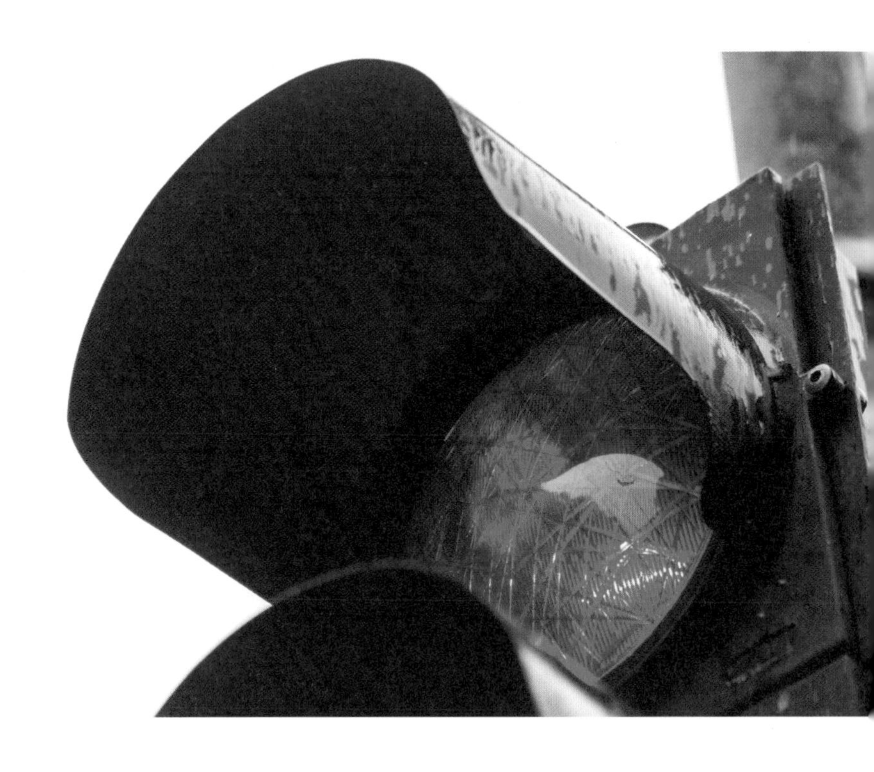

적인 선택으로 내모는 '보이지 않는 손'은 어디에 있을까요?

한국여성인권진흥원이 발간한 〈가출 청소년 성매매에 영향을 미치는 위험 요인 및 보호 요인〉과 〈가출 청소년의 성매매 유입 과정〉을 통해 살펴보면, 가난은 여자 청소년을 가출로, 성매매로 떠미는 변수로 작용했습니다. 설문 조사 결과, '자신의 집이 경제적으로 하류층에 속한다'고 답한 청소년이 성매매에 나설 확률은 상류층 출신 청소년보다 일곱 배 이상 높게 나타났습니다. 또 하류층 청소년이 가출한 확률(74.6%)은 상류층 청소년(25.8%)보다 세 배 정도 높게 나타났습니다.

가족 관계도 크게 영향을 끼친 것으로 조사됐습니다. 가출·성매매 경험이 없는 청소년이 친부모와 동거하는 비율은 가출·성매매 경험 모두

있는 집단의 경우보다 네 배 가까이 높았습니다. 가출한 적은 있지만 성매매 경험이 없는 10대 역시 친부모와 동거한 비율이 매우 낮은 것으로 조사됐습니다. 성폭행 경험도 가출 청소년의 행동에 큰 영향을 미쳤습니다. 성폭행을 경험한 비율 역시 가출·성매매 경험이 있는 집단이 그렇지 않은 집단보다 무려 열 배 이상 높게 나타났습니다.

거리로 나온 청소년들의 첫 성매매 연령은 17살 이상(36.1%)이 가장 많았습니다. 충격적인 것은 설문 응답자 96명 중 무려 6명(6%)이 13살 이하의 나이에 처음으로 성매매를 경험했다고 답했다는 사실입니다. 더 큰 문제는 청소년 성매매가 점점 저연령화되고 있다는 것입니다. 이 밖에 청소년을 성매매로 이끄는 요인으로는 부족한 사회안전망과 일상화된 성매매 현실이 있습니다.

청소년들은 여전히 정상적인 노동시장에 접근하기 어렵습니다. 특히 나이가 어릴수록 노동시장에 진입하는 것은 더 어렵습니다. 가출할 당시의 나이가 어릴수록, 그만큼 삶은 팍팍해진다고 볼 수 있습니다. 힘겹게 일자리를 구해도 정상적인 처우는 기대할 수 없습니다. 최저임금도 적용받지 못하는 부당한 대우 속에서 청소년들은 돈을 벌기 위해 다른 유혹에 쉽게 빠지게 됩니다.

게다가 인터넷은 성매매로의 진입장벽을 급격히 낮추고 있습니다. 가출 청소년들이 가장 싼 값에 머물 수 있는 공간 가운데 하나가 PC방이고, 거기서 몇 번의 클릭만으로 성 구매자를 만날 수 있습니다. 인터넷 공간에서 많은 청소년은 순식간에 '성매매 여성'으로 변신하고 있습니다.

필자가 20대 초반 남성들을 대상으로 첫 성 경험에 대해 물었을 때 성매매를 통해 처음 성 경험을 했다는 대답이 월등히 높게 조사됐습니다. '마음'을 돈으로 살 수 있을까요? 다른 사람의 '몸'은 돈으로 살 수 있을까요? 살 수 없는 '성'을 돈을 주고 구매한 경험은 여성을 폄하하고 '성적 대상화'하는 잘못된 성 의식으로 발전하게 됩니다. 존중과 공감의 과정이 생략된 일방적인 성 역할을 경험하고, 잘못된 성행위를 통해 남성 성기 중심의 성 문화로 성을 이해하게 되는 것입니다. 이런 잘못된 성 경험은 평생을 두고 그 사람의 삶에 부정적인 영향력을 미치게 마련입니다.

성 구매를 통해 성적 호기심을 해소하려는 청소년, 성을 판매해 살아가는 청소년 모두 소중한 우리의 아들, 딸입니다. '성'에 대한 올바른 교육을 통해 자신을 올바르게 사랑하고 다른 사람을 존중하는 삶을 살아가도록 가르치는 일뿐만 아니라 청소년들이 안전하게 살아갈 수 있는 사회안전망을 갖추는 일은 중요한 사회적 과제입니다.

20. 성적 자기 결정권

성적 자기 결정권은 대한민국 헌법 제10조에 명시된 행복추구권에 속하는 국민의 기본권입니다. 그런데 성적 자기 결정권을 '성행위를 마음대로 할 권리'로 오해하는 사람들이 많습니다. 간단히 요약하자면 '자율적 주체로서 성과 관련된 것을 타인의 간섭 없이 스스로 결정할 권리'가 바로 성적 자기 결정권입니다.

흔히 청소년기를 2차 성징이 발달하고 성욕이 왕성해지는 시기라고 가르칩니다. 성에 눈뜨는 시기라고 하면서 성의 부정적인 내용만을 강조합니다. 성의 즐거움과 유익에 대해서는 그 누구도 가르치려 하지 않습니다. 청소년기에는 성적으로 모든 것이 가능할 수 있는 신체적 성숙이 이뤄집니다. 청소년을 미성숙한 존재라고 말할 때는 정서적으로 경제적으로 아직 자립하기 어려운 상태이기에 돌봄과 지지가 필요하다고 설명하는 것이 옳습니다. 청소년에게 성교육을 하는 것은 스스로 자신의 삶을 책임져야 하는 독립적인 존재이며, 그에 따르는 책임 역시 부담해야 한다는 것을 가르치는 것입니다.

성적 자기 결정권의 핵심은 '내게도 존중받을 권리가 있다'는 것입니다. 사회구성원으로서, 공동체의 일원으로서, 같은 인간으로서 우리는 서로의 권리를 존중해야 합니다. 따라서 너의 '성적 자기 결정권을 행사하라'가 아니라 나와 타인의 '성적 자기 결정권을 존중하라'고 가르쳐야 합니다.

그럼에도 불구하고 아직 미성숙한 청소년의 성적 자기 결정권을 인정할 수 없으며, 성적 자기 결정권에 대해 가르치는 건 위험한 교육이라고

보는 시각이 존재합니다. 청소년에게 성적 자기 결정권을 알려주면 청소년들이 성적 방종에 빠질 우려가 있다는 것입니다. 하지만 이런 논리는 성적 자기 결정권에 대한 오해와 무지에서 비롯된 것입니다.

그럼 청소년이 성적 주체가 된다는 말은 어떤 의미일까요? 주체가 된다는 것은 자기 자신을 제대로 알고, 자신이 아닌 타인과의 관계를 잘 이끌어간다는 의미입니다. 이를 위해서는 자신의 신체 변화, 성적 욕구, 성별 정체성, 성적 지향 등을 알아야 합니다. 자신이 원하는 바를 상대방에게 잘 전달할 수 있어야 합니다. 즐겁고 건강하게 상호존중을 기반으로 한 평등한 관계를 맺는 사람이 되어야 합니다. 성적 주체로서 자신이 언제 어떻게 성적 행동을 해야 하는지 자기 자신을 위해 판단할 수 있어야 합니다. 성교육은 이를 돕기 위해 필요한 정보와 지식을 가르치는 것입니다. 청소년도 성적 자기 결정권을 가진 인간으로서 존중받아야 하고 괴롭힘을 당하지 않아야 합니다. 누구나 가장 자기답게 살 수 있어야 합니다. 이것이 행복이고 행복을 추구할 권리로서의 성적 자기 결정권입니다.

너무나 중요한 내용이기에 한 번 더 정리해보겠습니다. 성적 자기 결정권은 누구나 태어날 때부터 갖는 인권입니다. 국민의 기본권이므로 성인이든 청소년이든 연령과 상관없이 모든 인간에겐 이미 성적 자기 결정권이 있습니다. 성적 자기 결정권에 대해 제대로 알고 인정받는다고 해서 바로 성행위를 하게 되는 건 아닙니다. 오히려 원하지 않는 성폭력 피해를 입었을 때 신고하고 보호를 요청할 수 있게 됩니다. 그리고 상대방의 동의를 구하고 서로 합의된 성관계를 갖는 것이 얼마나 중요한지 알게 됩니다. 이 책을 읽는 분들은 청소년의 성적 자기 결정권을 인정할 것이냐 아니냐를 논하지 말기 바랍니다. 다만 청소년의 성적 자기 결정권이 존중받는 사회를 만들기 위해 우리가 무엇을 할 것인가를 고민하기 바랍니다.

언제 어디서 누가 나의 몸을 만질 것인가, 언제 어디서 누구와 성적 행위를 할 것인가를 결정할 권리는 나에게 있습니다. 이것이 '성적 자기 결정권'입니다. 상대방에 대한 미안함이나 배려보다는 '나의 느낌'을 기준으로 결정해야 합니다. 여러분은 자신의 권리와 동의의 원칙을 어느 정도 인식하고 있나요?

이 테스트는 한국여성민우회 가족과성상담소에서 개발한 것입니다.

성적 자기 결정권 진단표

1. 매우 그렇지 않다. | 2. 다소 그렇지 않다. | 3. 중간이다.
4. 다소 그렇다. | 5. 매우 그렇다.

1. 좋아하다가도 싫어지는 감정이 생길 수 있다는 걸 인정하고 받아들일 수 있다.
2. 나는 나의 성적 욕망이나 지식에 대해 상대에게 이야기할 수 있다.
3. 상대에게 화났을 때, 고마울 때 나의 감정을 상대에게 표현할 수 있다.
4. 상대가 어떻게 반응할지 걱정되더라도 자신의 감정을 감추거나 왜곡하지 않는다.
5. 상대의 일방적인 요구에 대해 '부당함'을 이야기할 수 있다.
6. 나는 원하지만 상대가 싫다고 하면 강요하지 않고 상대의 의사를 존중한다.

7. 나는 여전히 좋아하는데, 상대는 헤어지려 할 때 억지로 붙잡지 않는다.
8. 나는 나의 성적인 욕망을 그대로 인정한다.
9. 나는 나에게 맞는 안전한 피임법을 알고 있다.
10. 성적 욕망이 생기면 나름대로 해소할 방법을 알고 있다.
11. 성관계 의사 없이도 상대와 여행을 함께할 수 있다.
12. 내 감정과 느낌이 소중한 만큼 상대의 상태를 충분히 고려한다.
13. 상대의 감정을 통제하기 위해 내 감정을 과장, 왜곡되게 표현하지 않는다.
14. 합의된 신체적 접촉(예, 키스)을 하는 중에 내 맘대로 다른 행동을 하지 않는다.
15. 상대의 신체적 접촉에 대한 제안을 내가 원하지 않을 경우엔 거절한다.
16. 연애하고 싶은 사람이 생길 때, 상대에게 제안해볼 수 있다.
17. 나는 사람을 사귈 때 '이 사람은 내 거다'라는 생각을 우선하지 않는다.
18. 내가 고백했을 때 상대가 관심 없다고 말해도 자존심 상하지만 받아들일 수 있다.
19. 상대가 취해서 정신 없을 때를 기회로 평소에 원했던 접촉을 시도하지 않는다.
20. 성적으로 끌리는 대상이 있으면, 상대방의 동의를 구하면서 성관계를 제안할 수 있다.

위 문항의 총점이,

93점 이상

파란 불! 비교적 안전합니다. 실전에서도 잘할 수 있으면 좋겠습니다.

80~92점

노란 불! 잘하고 있지만 좀 더 노력합시다.

80점 이하

빨간 불! 위험! 훈련이 필요합니다. 원치 않는 임신, 낙태의 가해자나 피해자가 될 수도 있습니다.

21. 포괄적 성교육

교육부 등이 2018년 청소년 6만 40명을 대상으로 조사한 〈제14차 청소년 건강 행태 조사 통계〉에 따르면 우리나라 성관계 시작 평균 연령은 만 13.6세로 조사됐습니다. 하지만 현장의 전문가들은 성관계 시작 연령을 만 12.8세로 보고 있습니다. 여기서 우리는 청소년들의 성관계 시작 연령이 낮아지고 있는 점에 주목해야 합니다.

현재 우리나라는 학교에서의 성교육을 의무화하고 있습니다. 그렇다면 학교 현장에서의 성교육 실태는 어떨까요? 현재 초중고교에서는 성교육뿐 아니라 안전 교육, 장애인 인식 교육, 다문화 이해 교육, 학교 폭력 교육, 아동 학대 예방 교육 등 10여 가지 교육을 실시해야 합니다. 이를 모두 합치면 연간 100여 시간에 달합니다. 입시가 우선시되는 교육 현실에서 제대로 된 성교육이 이뤄지리라 기대하기 어려운 상황입니다. 설상가상으로 성교육 전문 강사의 절대적인 부족과 낮은 강사료도 포괄적인 성교육 발전을 어렵게 하는 원인으로 꼽힙니다.

성에 대한 모든 이야기는 인간이 평생 살아가면서 언제 어디서든 부딪힐 수 있는 삶의 총체적인 문제입니다. 디지털 원주민으로 태어나고 자란 청소년들은 채팅 앱 등을 통해 성범죄에 노출될 기회가 더욱 늘어나고 있습니다. 청소년을 대상으로 발생하는 디지털 성범죄의 증가를 법의 규제가 따라가지 못하는 상황입니다. 부모가 자녀를 24시간 지켜볼 수는 없습니다. 모든 성적 행위를 사회적 처벌로만 감시하는 것도 불가능한 일입니다.

한국뿐만 아니라 많은 국가에서 성에 대해 정확하고 솔직하게 대화하는 것을 두고 청소년을 자극해 이른 나이에 성관계를 시작하게 만들 뿐이라는 잘못된 시각을 갖고 있습니다. 이는 극단적으로 금욕만이 가장 좋은

성교육이라는 국가 정책으로 이어지기도 합니다. 이런 인식은 오히려 필요한 정보를 제공해주지 못하거나 잘못된 정보에 노출되어 잘못된 선택을 하거나 건강한 성생활을 하지 못하게 되는 결과를 만들 뿐입니다.

성과 섹슈얼리티를 금기시하던 문화와 제도를 바꾸고자 UN은 2009년 처음으로 성교육 가이드를 발간했으며, 10년 만에 변화한 사회와 10년간의 성교육 결과를 반영해 개정한 〈2018 국제 성교육 가이드〉를 내놓았습니다. 이를 통해 섹슈얼리티에 대한 인지적·정서적·신체적·사회적 측

면을 기반으로 한 교육 과정인 포괄적 성교육을 제안했습니다.

포괄적 성교육은 여성과 남성의 신체 구조 차이 같은 생물학적 특징만을 다루는 것이 아니라 인간의 생애에서 성과 관련된 모든 경험을 포괄하는 교육입니다. 아동과 청소년들이 자신의 건강을 챙기고, 자신의 존엄성을 인식하며, 자신의 권리에 대한 이해를 높여 존중에 기반한 사회적·성적 관계를 형성할 수 있게 하는 교육입니다.

포괄적 성교육의 특징

- 어린 나이부터 시작하는 지속적 · 점증적 교육 과정으로, 이전에 학습한 것을 바탕으로 새로운 정보를 점점 쌓아 나갈 수 있다.
- 성 평등(Gender Equality)에 기초한다.
- 아동과 청소년의 권리를 포함해 모든 개인의 건강권, 교육권 및 차별 금지 같은 보편적 인권에 대한 이해를 증진한다.
- 정보에 근거한 의사결정 능력, 효과적인 의사소통과 협상 능력 등 건강한 선택을 하는 데 필요한 능력을 기를 수 있도록 한다.

포괄적 성교육의 연령 구분

포괄적 성교육은 5～18세 아동과 청소년을 5～8세, 9～12세, 12～15세, 15～18세 이상 4개 연령대로 구분해 점진적으로 교육하고 있습니다.

포괄적 성교육의 내용

총 8개 핵심 개념을 중심으로 하는데, 그 개념들은 모두 상호 보완적이며 나이에 따른 난이도 조절을 통해 학습을 진행합니다.

- 관계(Relationships)
- 가치(Values), 권리(Rights), 문화(Culture), 섹슈얼리티(Sexuality)
- 젠더(Gender) 이해
- 폭력과 안전

- 건강과 복지를 위한 기술
- 인간의 신체(body)와 발달(Development)
- 섹슈얼리티(Sexuality)와 성적 행동(Sexual Behaviour)
- 성과 재생산 건강(Sexual and Reproductive Health)

핵심 개념, 주제, 목표에 대한 개요

핵심 개념 1 : 관계

- 가족
- 친구, 사랑, 연인 관계
- 관용, 포용, 존중
- 결혼과 육아

핵심 개념 2 : 가치, 권리, 문화, 섹슈얼리티

- 가치와 섹슈얼리티
- 인권과 섹슈얼리티
- 문화, 사회와 섹슈얼리티

핵심 개념 3 : 젠더 이해

- 사회적으로 구성된 젠더와 젠더 규범
- 성 평등, 고정관념과 편견
- 젠더 기반 폭력

핵심 개념 4 : 폭력과 안전

- 폭력
- 동의, 온전한 사생활과 신체
- 정보통신기술의 안전한 사용

핵심 개념 5 : 건강과 복지를 위한 기술

- 성적 행동에 대한 규범 및 또래의 영향
- 의사결정
- 대화, 거절 및 협상의 기술
- 미디어 정보 해독력과 섹슈얼리티
- 도움과 지원 찾기

핵심 개념 6 : 인간의 신체와 발달

- 성, 생식기, 생리
- 임신
- 사춘기
- 신체 이미지

핵심 개념 7 : 섹슈얼리티와 성적 행동

- 성(Sex), 섹슈얼리티(Sexuality), 생애 주기별 성생활
- 성적 행동 및 반응

핵심 개념 8 : 성 및 재생산 건강

- 임신, 임신 예방

- HIV와 AIDS 낙인, 돌봄, 치료, 지원
- HIV를 포함한 성매개감염병 위험 감소에 대한 이해와 인식

포괄적 성교육의 성과

- 성행위 시작 시기가 늦어진다.
- 성 파트너 수가 감소한다.
- 위험한 행동이 감소한다.
- 콘돔 사용이 증가한다.
- 피임이 증가한다.

핵심 성과 요약

1. 학교 안팎에서의 섹슈얼리티 교육이 성적 행동, 성적 위험 또는 성매개감염병·HIV 감염률을 증가시키지 않는다(UNESCO, 2009; Fonner et al., 2014; Shepherd et al., 2010).
2. 섹슈얼리티 교육은 성과 재생산 건강 및 행동에 대한 지식의 향상과 태도 개선을 포함하여 청소년에게 긍정적인 효과가 있다(UNESCO, 2016b). 연구에 따르면 거의 모든 섹슈얼리티 교육 프로그램이 섹슈얼리티의 다른 측면과 임신 또는 HIV 및 다른 성매개감염병에 대한 지식을 향상시킨다.

3. 금욕을 조장하는 프로그램은 성행위 시작 시기를 늦추거나 섹스 횟수 및 섹스 파트너 수를 줄이는 데 효과가 없는 것으로 나타났다.

성행위 시작 시기를 늦추는 데 초점을 두고 콘돔 또는 피임약 사용에 대한 내용을 결합한 프로그램을 실시하는 것이 효과적인 것으로 나타났다(UNESCO, 2009; Fonner et al., 2014).

4. 효과적인 피임과 콘돔 사용에 대한 프로그램이나 성행위 감소같이 하나에 초점을 두는 프로그램보다 임신 예방과 성매개감염병·HIV 예방 등 다방면을 함께 다루는 프로그램이 더욱 효과적이다(Lopez et al., 2016; UNESCO, 2016c).

5. 명시적 권리에 기반한 접근법을 사용한 포괄적 성교육 프로그램은 성적 관계에서 자신의 권리에 대한 지식 향상, 섹스 및 관계에 대한 파트너와의 의사소통 증가, 위험한 상황을 다루는 자기 효능감 증가를 포함해 지식 및 태도에 단기적으로 긍정적인 효과를 나타낸다. 또한 심리사회적 행동에 있어 장기적으로 유의미하고 긍정적인 효과가 있는 것으로 밝혀졌다(Constantine et al., 2015b; Rohrbach et al., 2015; UNESCO, 2016c).

6. 젠더에 초점을 둔 프로그램은 의도하지 않은 임신이나 성매개감염병 감소 같은 건강 목표 달성에 있어 '젠더를 고려하지 않은' 프로그램보다 훨씬 더 효과적이다. 이는 학생들로 하여금 젠더를 둘러싼 사회문화적 규범에 의문을 제기하고 성 평등한 태도를 개발하도록 지원하는 전환적 콘텐츠와 교수법을 포함한 결과다(Haberland and Rogow, 2015).

7. 실현 가능성 높은 프로그램, 즉 효과적인 커리큘럼을 원래 의도한 대로 전달할 때, 원래의 기획, 내용 또는 전달 방법에 충실하지 않은 경우보다 청소년의 건강에 바람직하고 긍정적인 영향을 줄 가능성이 훨씬 높다(Michielsen et al., 2010; Shepherd et al., 2010; Wight, 2011). 연구 결과 프로그램 횟수나 시간을 줄이는 것, 참가자의 참여를 줄이는 것, 이론적 접근 방식을 변경하는 것, 적절한 훈련이나 자격 없는 직원 또는 자원봉사자를 활용하는 것같이 프로그램을 수정(예를 들어, 프로그램 적용 과정에서)하는 것은 효과를 감소시킬 위험이 있는 것으로 나타났다(O'Connor et al., 2007). 그러나 언어, 이미지 또는 문화적인 자료를 변경해 일부 적용하는 것은 효과에 큰 영향을 미치지 않는다.

8. 효과적으로 잘 설계된 교육은 교육 환경이 바뀌어 다른 방식으로 실행되더라도 지식, 태도 또는 행동에 긍정적인 영향을 미친다(Fonner et al., 2014; Kirby et al., 2006). 이는 투입되는 자원이 적어지더라도 한 국가 또는 문화적 환경에서 효과적인 것으로 판단되는 잘 설계된 심리사회적, 행동적 개입은 다른 맥락에서도 똑같이 성공적일 수 있다는 것을 보여주는 연구 결과와 일치한다(Gardner et al., 2015; Leijten et al., 2016).

자료 출처: 아하 서울시립청소년 성 문화센터

22. 해외 성교육 사례 | 네덜란드

네덜란드는 성교육 부문에서 선진국으로 손꼽히는 국가 중 하나입니다. 네덜란드의 성교육을 간단히 살펴봅시다.

- 4~11세 아동은 근본적인 인간관계, 친밀감, 애정 등에 대한 개념을 함께 솔직하게 얘기하는 수업을 받는다.
- 만 4세부터 성교육을 시작하고 7세까지 의무적으로 성교육을 시행한다.
- 초등학교 4학년부터는 제도화된 필수 성교육을 가르치며 강의식이 아닌 토론식으로 성교육을 진행한다.
- 10대 학생들은 안전한 성과 피임에 대해 배운다. 청소년 단계에는 보다 직접적으로 섹슈얼리티에 대한 교육이 이루어진다. 또한, 원

치 않는 성관계를 거절하는 법, 피임 또는 상대방을 성적으로 존중하는 법, 올바르게 인터넷을 사용해 성에 대한 정보를 접하는 방법 등을 배우게 된다. 더불어 성적 정체성에 대한 주제도 다룬다. 여기에는 동성애도 포함된다.

- 개방적인 성교육의 영향으로 네덜란드는 처음 성관계를 하는 나이가 유럽에서 가장 높다. 10대들의 성관계 시작 연령은 1970년대 중반 12.4세에서 2017년 18.6세로 높아졌다. 데이트 강간, 10대 출산율, 낙태율도 세계 최저 수준이다.
- 네덜란드 청소년들의 첫 성관계 시 피임률은 95%다. 피임률이 높은 이유로 청소년 피임 교육을 적극적으로 실시하고 있으며, 양질의 보건 서비스를 부담 없이 이용할 수 있다는 것이 꼽힌다. 콘돔을 학교에서 무료 제공하며, 건강보험정책으로 21세 이하까지 피임약이 무료 제공되고, 25세 이하까지 성매개감염병 검진이 무료다.

성교육 프로그램

- '롱 리브 러브(Long Live Love)'는 중학교와 직업학교 학생을 대상으로 사랑, 관계, 섹슈얼리티에 대한 수업을 진행하는 프로그램이다. 이 교육 과정은 '스프링 피버(Spring Fever)'* 라고 불리는 성교육 프로그램의 다음 단계다.
- 이 교육 과정을 통해 청소년들은 스스로 결정 내릴 수 있는 능력을

* 4~5세에는 자신의 감정(예: 소년과 소녀)을 토론하는 교육 과정, 7세에는 존중과 매력, 8~9세에는 동성애(예: 여러분 중 일부는 두 명의 엄마가 있을 수 있음), 10~11세에는 사춘기, 사랑과 데이트, 그리고 미디어에 등장하는 남녀를 주제로 교육 과정이 이뤄진다.

키우고, 재생산의 생물학적 측면뿐만 아니라 가치관, 태도, 소통, 협상 능력에 대해서도 집중해서 배운다.

- 이 교육 과정은 총 6개 수업으로 구성된다.

1회차

'나에게는 무슨 일이 일어나는 걸까'에서는 사춘기, 사랑에 빠짐, 성적 정체성의 발견, 관계를 시작하는 데 있어서 부모와 친구의 영향에 대해 배운다.

2회차

'나는 무엇을 할 준비가 되어 있는가'에서는 누군가와 대화하고 사귀는 것, 이별하거나 이별 당하는 것, 관계 맺기에서 선택하기, 여러 가지 친밀한 신체적 접촉 등에 대해서 배운다.

3회차

'나의 한계는 어디인가'에서는 내가 원하는 것과 나의 한계를 발견하는 것, 상대방의 생각을 알아내는 법, 원하는 것과 원하지 않는 것을 말하는 방법, 인터넷을 안전하게 사용하는 방법, 좋지 않은 경험과 인터넷 그루밍에 대처하는 법을 배운다.

4회차

'어떻게 섹스를 특별하게 만들까'에서는 첫 성관계, 준비됐을 때 안전하고 즐겁게 섹스하는 방법, 섹스에 대한 문제에 대처하는 법, 질문이나 문제가 있을 때 도움을 받는 방법에 대해 배운다.

5회차

'안전한 섹스란'에서는 피임과 성매개감염병 예방법, 안전한 성적 행동과 안전하지 않은 성적 행동, 안전하지 않게 섹스하고 나서는 무엇을 해야 하는지에 대해서 배운다.

6회차

'어떻게 안전한 섹스를 할 수 있나'에서는 콘돔을 안전하게 사용하는 방법, 다양한 피임법, 피임법을 선택하는 방법, 피임에 대해 대화하는 방법, 콘돔 사용에 반대할 경우 대처하는 법 등에 대해서 배운다.

교훈

- 네덜란드의 성교육은 주입식이 아닌 토론형 방식으로 이뤄진다. 성

교육 시간은 토론을 통해 답을 찾아가는 과정이자 서로의 경험을 나누는 과정이다. 이는 성과 섹슈얼리티를 이야기하는 긍정적인 환경을 경험하는 과정이기도 하다.

- 성교육은 '성'에 대해서 편안하고 자유롭게 이야기할 수 있도록 어렸을 때부터 교육함으로써 성에 대한 인식을 바꾸는 과정이다.
- 제한된 내용으로 교육을 진행하는 것이 아니라 몸부터 피임, 의사소통 기술과 성매개감염병까지 포괄적으로 다루며, 동성애나 낙태 같은 주제도 담고 있다. 청소년 시기부터는 연애와 이별 등 실용적인 내용까지 다룬다.
- 성교육에 부모를 포함시킨다. 학교에서는 '부모의 밤'을 통해 학교와 가정에서의 성교육을 일원화하려 한다. 이는 가정에서도 아이들과 성과 섹슈얼리티에 대한 대화를 할 수 있도록 하기 위한 부모의 성교육이기도 하다.

23. 해외 성교육 사례 | 미국

- 미국의 성교육은 각 주에서 결정한다. 교회나 보수적인 종교 집단(기독교)의 적극적인 캠페인으로 공교육 기관에서 포괄적 성교육을 활용하기 어렵고, 심지어 법적으로 포괄적 성교육이 허용된 곳에서도 진행하기 힘들기 때문이다.
- 50개 주 중 20개 주에서만 콘돔이나 피임법에 대한 성교육을 요구한다.
- 50개 주 중 20개 주와 워싱턴D.C에서만 의학적, 사실적, 기술적으

로 정확한 성교육이나 HIV 교육을 요구한다.

- 50개 주 중 27개 주에서 금욕을 강조하는 교육을 요구한다.
- 50개 주 중 18개 주에서 학생들이 혼인 후에만 성적 행동을 하도록 교육할 것을 요구한다.

프로그램

OWL(Our Whole Lives) 교육 과정은 유니테리언 유니버셜리스트 교회와 연합그리스도의교회의 JWM* 이 7년간 합작해서 개발했다. 1999년 처음 발행됐으며, 교과 과정은 아래와 같다.

- 유치원생부터 노년**까지 받을 수 있는 성교육이다. 교육 과정은 8~14회차 대면 수업으로 이루어진다. 여기에는 중등생을 위한 9분짜리 과정 25개가 포함된다.
- 섹슈얼리티 언어, 건강한 관계, 사춘기, 따돌림과 방관자의 책임, 성적 성향, 신체 이미지, 피임, 동의에 대한 교육, 성매개감염병, 성 정체성, 성적 파트너와의 소통, SNS와 인터넷, 성적 의사결정, 금욕에 대한 재정립, 임신과 10대 육아를 포함한다.
- 자아 존중감, 성적 건강, 책임감, 정의와 포용력을 향상한다.
- 자신과 세상에 대한 지적 능력, 태도, 가치관과 생각을 포함한다.

* Justice and Witness Ministries은 연합그리스도의교회의 5개 부처 중 하나다. JWM은 경제 정의, 여성에 대한 인권, 여성에 대한 정의, 공공생활과 사회정책, 인종 정의 등 4개 분야를 담당한다.

** 교육 과정은 유치원~1학년, 4학년~6학년, 중학교, 고등학교, 청년과 성인으로 나뉘어 있다.

- 다양성(예: 생물학적 성, 성 정체성과 표현, 성적 지향, 장애 상태)을 존중한다.
- 수업에는 자신의 경험을 공유하고 참여자와 깊은 관계를 형성할 남성과 여성 진행자를 최소한 각각 한 명씩 둔다.
- 학생이 익명으로 질문을 넣을 수 있는 상자를 배치한다.
- 종교적인 언급이나 교리를 포함하지 않는다. 종교에 기반한 요소는 '섹슈얼리티와 우리의 믿음'이라는 수업을 선택해서 들을 수 있다.

교훈

- 성교육에 대한 거시적 접근법을 취한다. 혼전 순결 교육은 이성애 중심의 결혼을 기반으로 한 도덕적 교육에 중심을 두면서 과학적으

로 정확한 성 지식을 제공하거나 다양성을 존중하는 데 실패했다. 포괄적 성교육은 학생들이 원하는 만큼 정보를 제공하지만 태도나 가치관 형성하는 데는 중심을 두지 않는다.

- O.W.L. 프로그램은 성과 섹슈얼리티 지식을 제공하면서도 참가자들이 성적 가치관과 태도를 형성할 수 있도록 지적 능력, 경험과 감정을 포함시킨다.
- 진행자의 경험을 적극 포함해 공유함으로써 교실 환경에서 교사와 학생이 '우리 vs 그들'의 대립 구조에 빠지지 않게 한다.
- 어린이부터 노년까지 교육 과정에 포함된다.
- 따돌림이나 괴롭힘 당하는 사람들을 지지할 수 있도록 권장하면서, 피해자와 연대해 더욱 긍정적인 성적 문화를 만드는 데 기여한다.

24. 해외 성교육 사례 | 칠레

칠레에서 등록된 신생아의 약 15%가 10대 출산에 의한 것입니다. 10대 출산율은 산티아고처럼 부유한 지역에서는 4% 대로 낮고, 가난한 지역에서는 10~20%로 높아 계급에 따라 다른 것을 알 수 있습니다. 10대 임신율이 높아 1960년대에 포괄적 성교육을 진행했지만 독재정권이 들어서면서 철폐됐습니다. 1990년대 인권 문화가 생겨나기 시작했으나 2003년 우파 관료들은 무료 콘돔을 배포하는 NGO 활동가에게 벌금을 부과하는 등 성매개감염병 예방 캠페인을 저지하려고 했습니다. 호르헤 메디나 주교는 보건부 직원에게 탈을 쓴 사탄이라고 말할 정도였습니다. 현재 가톨릭교회는 성교육에 격렬히 반대하고 있습니다.

프로그램

1994 ~ 1995년 칠레대학의 청소년생식의학개발센터(CEMERA)는 7 ~ 12학년 학생 2600명을 대상으로 2000명의 대조군과 함께 학교 기반 프로그램을 실시했습니다. 목표는 다음과 같습니다.

- 첫 성관계의 나이를 늦춘다.
- 안전한 섹스와 피임법 사용을 늘린다.
- 원치 않는 임신을 줄인다.
- 임산부나 양육자의 복학을 장려한다.

이 프로그램은 다음과 같은 내용으로 구성됐습니다.

- 교실에서의 성 및 생식 건강 교육
- 학교 직원은 학생이 진료소에서 무료 상담 및 의료 서비스를 받을 수 있도록 추천
- 학생과 학부모를 위한 지속적인 워크숍
- 추가 정보를 위한 도서관 및 핫라인
- 학교 교육 과정 개발에 도움을 줄 학생의 포커스 그룹
- 프로그램 자문과 학생간 소통을 중재하는 선출된 학생 대표

프로그램에 참여한 사람들은 다음과 같은 효과를 얻었습니다.

- 성적 건강과 재생산 건강에 대해 더 많은 지식을 가지게 된다.

- 성에 대한 보다 책임감 있고 성숙한 태도를 보인다.
- 성행위를 지연시킨다.
- 성적으로 활동할 때 피임법을 더 많이 사용한다.
- 원치 않는 임신을 줄인다.

교훈

이 프로그램은 모든 교사, 학부모, 학생이 교육 과정 개발과 시행에 참여해 교육에 참여하는 모든 다른 당사자들의 동의를 받았습니다.

자료 출처:14회 서울여성 문화축제 국제전략센터 연구보고서

참고문헌

만화로 보는 성의 역사 필리브 브르노 | 2017 | 도서출판 다른.

모두를 위한 성평등 공부 이나영 외 | 2020 | 가나문화콘텐츠

핑크와 블루를 넘어서 크리스티아 스피어스 브라운 | 2018 | 창비

질의응답 니나 브로크만, 엘렌 스퇴겐 달 | 2019 | 열린책들.

우리 아이의 행복을 위한 성교육 김영화 | 2018 | 메이트북스

돌직구 성교육 제인폰다 | 2016 | 예문아카이브

거침없는 아이, 난감한 어른 김백애라, 정정희 | 2011 | 문학동네

중2혁명 조미혜 | 2014 | 위즈덤 하우스

사랑을 하고 싶은 너에게 가와마쓰 야스미 | 2018 | 나무를 심는 사람들

사춘기 소년 제프 프라이스 | 2011 | 걷다

은밀한 호황 김기태, 하어영 | 2012 | 도서출판 이후.

구성애의 성교육 구성애 | 1998 | 석탑

올바른 자녀 성교육 구성애 | 1997 | 석탑

내 성은 건강해 구성애, 김대식 외 1명 | 2012 | 대교북스주니어

부모와 다른 아이들 앤드루 솔로몬 | 2015 | 열린책들

도움을 주신 분들

유정옥, 권용숙, 김은희, 김희정, 최기숙, 홍희정

(사)대한화랑청소년육성연맹에서 주최하고 오세비 교수와 김경헌 강사가 주관한 '세상을 바꾸는 성교육(세비성)' 성교육 전문가 2급 과정을 전원 수료하였습니다. 청소년학을 전공하고 청소년지도사와 청소년상담사 자격을 갖춘 전문가들로서 책 제작에 적극적으로 함께 참여하였습니다.

이 책을 추천합니다

이 글을 처음 접하면서 과연 저자에게 독자는 누구일까? 누구를 위해 이 글을 썼을까? 하는 의문을 품고 한 줄 한 줄 읽기 시작했다. 성이 인생 전체를 좌우하는 중요한 인격적인 요소로 인식되면서, 독자로서 이 책이 어떤 대상에게 무엇을 이야기하려고 하는지가 중요하게 느껴졌기 때문이다. 해답은 바로 저자가 말하고 있는 포괄적인 성에 있었다. 청소년 전공 교수답게 청소년들과 같이 호흡하며 살아가는 청소년지도자라면 꼭 알아야 하는 것들을 세밀하고 다양하게 전달해주는 책이다. 또한 청소년들의 동반자들이 성에 대한 지식, 태도, 행동, 교육을 바로잡는 데 지침이 되어줄 아주 유용한 책이라고 여겨진다.

신동윤

중원대학교 사회복지 청소년 전공 초빙교수 | 전 드림키퍼즈 협동조합 성문화부센터장

기존 성교육 책과 다르게 청소년 편과 부모 편을 한 권에 담아서 다각도로 이해하는 데 큰 도움이 될 거라 확신합니다. 청소년 편은 청소년들의 입장에서 성 고민을 깊이 있게 다루었고, 부모 편은 청소년의 성 현실을 제대로 일깨워주어서 최고의 성교육 책이라 생각됩니다. 자칫 민감할 수 있는 청소년 성 상담에 있어 나침반이 되어줄 것으로 기대합니다. 성은 상대에 대한 사랑과 존중의 표현입니다. 그동안 많이 고대하던《알리알리 알라성》이 출간됨을 축하드리며 아름다운 사랑을 하시기 바랍니다.

장은섭

(사)대한화랑청소년육성연맹 총재

사춘기의 급격한 변화가 당황스러울 수 있는 청소년들의 성 고민과 궁금증을 해결해주고 건강한 성 인권을 가질 수 있도록 도와주는 책입니다. 청소년, 교사, 학부모 등을 만나 성 평등 교육 활동 및 상담을 진행하면서 성 평등 문화가 일상화되길 희망하는 성 평등 활동가로서 활동하는 데 있어 크게 도움되리라 생각됩니다. 무엇보다 부모가 자녀의 성에 눈맞춤을 할 수 있도록 가이드라인이 되어줄 것으로 기대됩니다. 청소년들의 행복한 성교육 길라잡이가 되어줄 이 책의 제작에 참여한 소중한 순간들을 잊지 못할 겁니다. 세바성 성교육 강사들을 대표해 축하와 감사의 마음 전합니다.

유정옥

부평구 여성센터 성평등 강사

20여 년간 청소년 활동을 하며 청소년을 이해한다고 생각해왔는데, 이 책을 읽고 나서 큰 충격을 받았습니다. 왜냐하면, 내 청소년기 성교육의 부재를 채워주었고 너무나 부족한 성 지식과 성 의식을 바르게 '리뉴얼' 해주었기 때문입니다. 제대로 된 성교육을 받지 못하는 우리나라 청소년뿐만 아니라 청소년지도자, 청소년을 돌보는 부모 등 모든 이에게 많은 도움이 될 것이라 확신합니다. 이 책은 청소년과 성인 모두에게 꼭 필요한 성교육 교재입니다. 진정한 성교육 책인《알리알리 알라성》이 계기가 되어 모두가 우리의 현실을 깨닫고 이 시대에 맞는 성교육이 실현되기를 기대합니다.

엄용철

인재플러스 대표

알리 알리 알라셩

알수록 행복해지는 유쾌한 性 이야기

초판 1쇄 발행 2021년 11월 30일
초판 2쇄 발행 2022년 12월 14일

지은이 오세비 · 김경헌

펴낸이 박종태
펴낸곳 비전CNF
신고번호 제2019-000191호
주소 경기도 파주시 월롱산로 64 (야동동)
전화 031-907-3927
팩스 031-905-3927
이메일 visionbooks@hanmail.net
페이스북 @visionbooks
인스타그램 vision_books_

디자인 지노디자인 이승욱
마케팅 강한덕, 박상진, 박다혜
관리 정문구, 정광석, 김경진, 박현석, 김신근, 정영도
경원지원 이나리, 김태영
인쇄 및 제본 예림인쇄, 예림바인딩

공급처 (주) 비전북
전화 031-907-3927
팩스 031-905-3927

ISBN 979-11-968788-2-5 03590

- 비전CNF는 몽당연필, 바이블하우스, 비전북과 함께합니다.
- 잘못된 책은 구입하신 서점에서 바꾸어 드립니다.
- 책값은 뒤표지에 있습니다.